中等职业教育品牌专业示范教

分布式光伏发电教程

主　编　刘　霞　苏　涛

副主编　迟玉波　窦湘屏

编　委　杨　蕾　张作东

　　　　陈常东

中国原子能出版社

China Atomic Energy Press

图书在版编目（CIP）数据

分布式光伏发电教程 / 刘霞 , 苏涛主编 . -- 北京：

中国原子能出版社 , 2020.3 （2021.9重印）

ISBN 978-7-5221-0512-3

Ⅰ.①分… Ⅱ.①刘… ②苏… Ⅲ.①太阳能光伏发

电—教材 Ⅳ.① TM615

中国版本图书馆 CIP 数据核字（2020）第 055449 号

分布式光伏发电教程

出版发行	中国原子能出版社（北京海淀区阜成路 43 号　　　　100048）	
责任编辑	白皎玮	
责任印刷	潘玉玲	
印　　刷	三河市南阳印刷有限公司	
经　　销	全国各地新华书店	
开　　本	787 mm×1092 mm　1/16	
印　　张	12.5　　　　**字　数** 261 千字	
版　　次	2020 年 10 月第 1 版　2021 年 9 月第 2 次印刷	
书　　号	ISBN 978-7-5221-0512-3　　**定　价** 68.00 元	

网　　址：http:// www. aep.com.cn	**E-mail**：atomep123@126.com	
发行电话：010-68452845	版权所有　侵权必究	

前　言

　　为了贯彻《国务院关于大力发展职业教育的决定》（国 [2005] 35 号）精神，根据国家 2019 年新修订的职业技能标准要求，并参照有关国家职业技能标准和行业职业技能鉴定规范，结合职业教育培养目标和教学实际需求，特别针对职业学生学习基础较差、理性认识较弱、感性认识较强的特点，遵循由浅入深、由易到难、由简易到复杂的循序渐进规律编写本教材。

　　按照"教育与产业、学校与企业、专业设置与职业岗位、教材内容与职业标准、教学过程与企业生产过程"对接的教学改革要求，以"工作过程系统化"为导向，以"任务驱动、行动导向"为指导思想，利用项目载体来承载和组织教学内容，知识围绕项目载体搭建，技能围绕项目载体实施。

　　本书从分布式光伏工程实训系统概述、系统组成、基础实训、逻辑控制实训、远程控制实训和瑞亚分布式光伏仿真规划软件实训 6 个方面详细介绍了分布式光伏工程实训系统。

　　编写特点如下：

　　1. 教育理念先进，以工作过程导向，将相应的知识与技能重新排序，能力目标明确，符合技术应用和技能型人才培养的需要；

　　2. 教学形式新颖，教学内容很充实，教学内容源于生产实际，以工作任务引领教学过程，精心选择和设计教学载体，利用源于企业实际的载体来组织教学和承载技能与知识，排序合理，符合学生的认知规律；

　　3. 教学过程实行任务驱动，将企业工作流程、操作规范及文明生产引入课程教学内容中，有利于职业素养的养成，实现了教学过程与工作过程的相融合，技能训练教学在全真的生产环境中进行，做到"边学边做"，理论与实践相结合；

　　4. 理实一体，通过"任务书"的"行动导向"来驱动教学，每个项目由任务书提出任务，驱动学生学习相关理论知识，再用"工作单"再现生产过程并引导教学，既达到了行业生产要求，也符合教学组织需要，彻底摆脱了"学科导向"课程模式及"结果导向"教学方法的束缚，从而真正

体现出了专业技术课的职业性、实践性和开放性。

5. 本书可作为职业院校数控技术、电气自动化技术、机电一体化技术、机电安装工程等机电类专业的课程教材，也可作为相关工程技术人员培训和自修的教材参考书。

由于编者经验和水平所限，本书难免存在不足和错漏之处，诚请有关专家、读者批评指正。

编　者

目 录

第1章

分布式光伏工程实训系统概述

1.1　分布式光伏工程实训系统案例背景

基于当今全球能源供需格局的变化及全球能源匮乏的情况，新能源产业的发展已成为一个国家构建新经济模式和重塑国家长期竞争力的驱动力量。它是衡量一个国家和地区高新技术发展水平的重要依据，也是新一轮国际竞争的战略制高点，世界发达国家和地区都把发展新能源作为顺应科技潮流、推进产业结构调整的重要举措。分布式光伏发电特指在用户场地附近建设，运行方式为用户端自发自用、余电上网，且配电系统平衡调节为特征的光伏发电设施。分布式光伏发电遵循因地制宜、清洁高效、分散布局、就近利用的原则，充分利用当地太阳能资源，替代和减少化石能源消费。

2016年国家能源局颁布的《太阳能发展"十三五"规划》中特别指出，当下我们的重要任务是推进分布式光伏和"光伏 +"应用，优化光伏电站布局并创新建设方式；按照"创新驱动、产业升级、降低成本、扩大市场、完善体系"的总体思路，大力推动光伏发电多元化应用，积极推进太阳能热发电产业化发展，加速普及多元化太阳能热利用。为了响应国务院关于国家教育事业发展"十三五"规划的通知中对新一代信息技术、新能源、新材料等战略性新兴产业人才培养规模的需求，中职"分布式光伏工程实训系统（Demeter131 A）"以契合目前新能源电子产业、光伏工程技术应用、信息化运维等典型岗位用人需求的设计思路，基于对新能源应用系统的实现原理、性能特性的深刻研究，整合分布式能源发电技术、传感技术、信息通信技术、能源管控技术和仿真规划模拟技术的高度集成了具有学科递进式的分布式光伏工程实训系统。

"分布式光伏工程实训系统（Demeter131 A）"由硬件平台和软件平台两部分组成。硬件平台包括分布式光伏装调实训平台和分布式光伏并网隔离系统两部分。软件平台包括瑞亚分布式光伏智能运维系统和瑞亚分布式光伏仿真规划软件。系统整体设计源于国际新能源成熟应用系统，同时采用大量高精度工业级电子器件。内容涵盖供能、数据采集、集中控制、环境感知、通信、并网逆变、离网逆变、负载、分布式光伏智能运维、分布式光伏仿真规划。能够实现从新能源的产能模拟到能源管控再到离并网发电及负载应用的全过程。可实现分布式光伏工程的动态模型仿真、分布式光伏工程的电能管控、分布式光伏工程的全景仿真规划以及分布式光伏工程电子产品的创意设计等教学实训。

　　实训系统采用模块化、积木式设计理念，可根据专业设置、课程设置情况自由组合或延展可满足中职能源与新能源类、信息技术类的专业教学需要。

1.2　光伏发电系统基本认识

1.2.1　离网光伏发电系统结构认识

1. 离网光伏发电系统组成

（1）典型离网光伏发电系统

　　离网光伏发电系统结构如图 1-1 所示，主要包括光伏阵列、控制器、蓄电池、逆变器和负载。太阳能光伏发电的核心部件是太阳能电池板，它能将太阳能直接转换成电能，并通过控制器把太阳能电池产生的电能存储于蓄电池中。当负载用电时，蓄电池中的电能通过控制器合理地分配到各个负载上。太阳能电池所产生的电流为直流电，可以直接以直流电的形式应用，也可以用交流逆变器将其转换为交流电，供交流负载使用。太阳能发电的电能可以即发即用，也可以用蓄电池等储能装置存储起来。

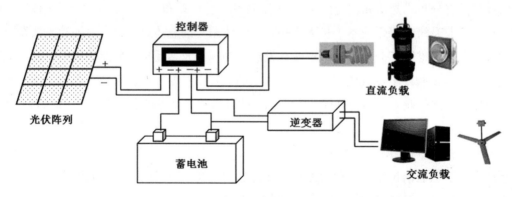

图 1-1　离网光伏发电系统结构

（2）离网光伏发电系统各部件功能

①太阳能电池组件（阵列）

　　太阳能电池组件也叫太阳能电池板，是太阳能发电系统的核心部分。其作用是将太阳光的辐射能量转换为电能，并送往蓄电池中存储起来，也可以直接用于推动负载工作。当发电容量较大时，就需要用多块电池组件串并联后构成太阳能电池方阵。目前应用的太阳能电池主要是晶体硅电池，分为单晶硅太阳能电池、多晶硅太阳能电池和非晶硅太阳能电池等几种。

②蓄电池

蓄电池的作用主要是存储太阳能电池发出的电能，并可随时向负载供电。太阳能光伏发电系统对蓄电池的基本要求是：自放电率低、使用寿命长、充电效率高、深放电能力强、工作温度范围宽、少维护或免维护以及价格低廉。目前为光伏系统配套使用的主要是免维护铅酸电池，在小型、微型系统中，也可用镍氢电池、镍镉电池、锂电池或超级电容器。当需要大容量电能存储时，就需要将多只蓄电池串、并联起来构成蓄电池组。

③光伏控制器

太阳能光伏控制器的作用是控制整个系统的工作状态，其功能主要有：防止蓄电池过充电保护、防止蓄电池过放电保护、系统短路保护、系统极性反接保护、夜间防反充保护等。在温差较大的地方，控制器还具有温度补偿的功能。另外，控制器还有光控开关、时控开关等工作模式，以及充电状态、蓄电池电量等各种工作状态的显示功能。光伏控制器一般分为小功率控制器、中功率控制器、大功率控制器和风光互补控制器等。

④逆变器

逆变器是把太阳能电池组件或者蓄电池输出的直流电转换成交流电供应给电网或者交流负载使用的设备。逆变器按运行方式可分为独立运行逆变器和并网逆变器。独立运行逆变器用于独立运行的太阳能发电系统，为独立负载供电。并网逆变器用于并网运行的太阳能发电系统。

2. 离网光伏发电系统分类

离网光伏发电系统又可分为直流光伏发电系统和交流光伏发电系统以及交、直流混合光伏发电系统。在直流光伏发电系统中又可分为有蓄电池的系统和没有蓄电池的系统。

（1）无蓄电池的直流光伏发电系统

无蓄电池的直流光伏发电系统如图1-2所示。该系统的特点是用电负载为直流负载，对负载使用时间没有要求，负载主要在白天使用。太阳能电池与用电负载直接连接，有阳光时就发电供负载工作，无阳光时就停止工作。系统不需要使用控制器，也没有蓄电池储能装置。该系统的优点是省去了能量通过控制器及在蓄电池的存储和释放过程中造成的损失，提高了太阳能的利用效率。这种系统最典型的应用是太阳能光伏水泵。

（2）有蓄电池的直流光伏发电系统

有蓄电池的直流光伏发电系统如图1-3所示。该系统由太阳能电池、充放电控制器、蓄电池以及直流负载等组成。有阳光时，太阳能电池将光能转换为电能供负载使用，并同时向蓄电池存储电能。夜间或阴雨天时，则由蓄电池向负载供电。这种系统应用广泛，小到太阳能草坪灯、庭院灯，大到远离电网的移动通信基站、微波中转站，边远地区农村供电等。当系统容量和负载功率较大时，就需要配备太阳能电池方阵和蓄电池组了。

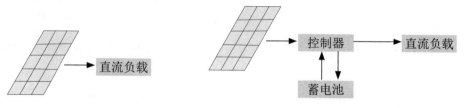

图1-2 无蓄电池的直流光伏发电系统　　　图1-3 有蓄电池的直流光伏发电系统

（3）交流及交、直流混合光伏发电系统

交流及交、直流混合光伏发电系统如图1-4所示。与直流光伏发电系统相比，交流光伏发电系统多了一个交流逆变器，用以把直流电转换成交流电，为交流负载提供电能。交、直流混合系统则既能为直流负载供电，也能为交流负载供电。

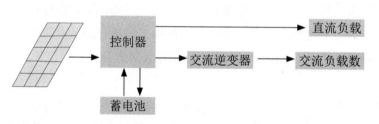

图1-4 交流及交、直流混合光伏发电系统

（4）市电互补型光伏发电系统

所谓市电互补型光伏发电系统，就是在独立光伏发电系统中以太阳能光伏发电为主，以普通220 V交流电补充电能为辅，如图1.5所示。这样光伏发电系统中太阳能电池和蓄电池的容量都可以设计得小一些，基本上是当天有阳光，当天就用太阳能发的电，遇到阴雨天时就用市电能量进行补充。我国大部分地区基本上全年都有三分之二以上的晴好天气，这样系统全年就有三分之二以上的时间用太阳能发电，剩余时间用市电补充能量。这种形式既减少了太阳能光伏发电系统的一次性投资，又有显著的节能减排效果，是太阳能光伏发电在现阶段推广和普及过程中的一个过渡性的好办法。这种形式的原理与下面将要介绍的无逆流并网型光伏发电系统有相似之处，但不能等同于并网应用。

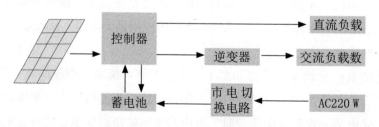

图1-5 市电互补型光伏发电系统

1.2.2 分布式光伏发电系统认识

分布式光伏发电系统属于并网光伏发电系统中的一种。并网光伏发电系统就是太阳能组件产生的直流电经过并网逆变器转换成符合市电电网要求的交流电之后直接接入公共电网的系统。并网光伏发电系统有集中式大型并网光伏系统，也有分散式小型并网光伏系统。集中式大型并网光伏电站一般都是国家级电站，主要特点是将所发电能直接输送到电网，由电网统一调配向用户供电。但这种电站投资大、建设周期长、占地面积大。而分散式小型并网光伏系统，特别是光伏建筑一体化发电系统，由于投资小、建设快、占地面积小、政策支持力度大等优点，是目前并网光伏发电的主流。常见并网光伏发电系统一般有下列几种形式。

1.直接并网光伏发电系统

直接并网光伏发电系统是由光伏组件通过并网逆变器产生交流电能，直接或通过升压变压器将交流电能送入电网的一种光伏系统。该光伏系统主要适用于大型光伏发电系统。系统结构如图1-6所示。

太阳能电池方阵

图 1-6 直接并网光伏发电系统结构

2.无逆流并网光伏发电系统

无逆流并网光伏发电系统结构如图1-7所示。在该系统中，太阳能光伏发电系统即使发电充裕也不向公共电网供电；但当太阳能光伏系统供电不足时，则由公共电网向负载供电。

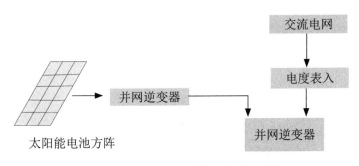

太阳能电池方阵

图 1-7 无逆流并网光伏发电系统结构

3．切换型并网光伏发电系统

切换型并网光伏发电系统如图 1-8 所示。所谓切换型并网光伏发电系统，实际上是具有自动运行双向切换的功能。一是当光伏发电系统因多云、阴雨天及自身故障等导致发电量不足时，切换器能自动切换到电网供电一侧，由电网向负载供电；二是当电网因为某种原因突然停电时，光伏系统可以自动切换使与电网分离，进入独立光伏发电系统工作状态。有些切换型光伏发电系统还可以在需要时断开为一般负载的供电，接通对应急负载的供电，一般切换型并网光伏发电系统都带有储能装置。

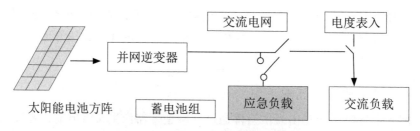

图 1-8　切换型并网光伏发电系统

4．典型有逆流的分布式并网光伏发电系统

典型有逆流的分布式并网光伏发电系统如图 1-9 所示。当太阳能光伏系统发出的电能充裕时，可将剩余电能馈入公共电网，向电网供电（卖电）；当太阳能光伏系统提供的电力不足时，由电网向负载供电（买电）。由于向电网供电时与电网供电的方向相反，所以称为有逆流光伏发电系统。其也是目前以自发自用为主，多余电量上网的分布式光伏发电系统的典型结构。

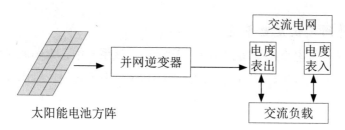

图 1-9　典型有逆流的分布式并网光伏发电系统

第 2 章

分布式光伏工程实训系统组成

2.1　设备组成

"分布式光伏工程实训系统（Demeter131 A）"由硬件平台和软件平台两部分组成。硬件平台包括分布式光伏装调实训平台和分布式光伏并网隔离系统两部分，实现分布式光伏发电系统的安装、调试、监控与控制。软件平台包括瑞亚分布式光伏智能运维系统和瑞亚分布式光伏仿真规划软件。瑞亚分布式光伏智能运维系统能够对光伏设备、光伏计量进行的全方位监控，实现光伏运行的集中监控、集中管理；瑞亚分布式光伏仿真规划软件可实现分布式光伏发电系统的规划与设计。

2.2　设备概述

以柔性工位为"分布式光伏工程实训系统（Demeter131 A）"的能源发电模拟平台，是国内首创具有自主知识产权的、可全面呈现并整合新能源部署环境的可自由组合型模拟平台。

分布式光伏装调实训平台由供能模块、数据采集模块、集中控制模块、环境感知模块、通信模块、智能离网微逆变模块、负载模块等设备组成。全部设备安装在预留数控冲铣网孔的柔性支撑屏架上，可满足多种光伏发电模式的教学展现，以及分布式光伏发电、离网光伏发电、离并网混合发电系统的安装、调试、控制等实训内容要求。

分布式光伏并网隔离系统由并网逆变器、隔离变压器组成。系统发电后通过并网隔离系统转换成符合市电电网要求的交流电之后直接接入公共电网。隔离变压器，通过隔离原副边绕线圈各自电流，实现与市电外网隔离。另外，利用其铁芯高频损耗大的特点，抑制高频杂波传入控制回路。

瑞亚分布式光伏智能运维系统，逆变器通信模块采集底层逆变器运行信息，通过 RS485。GPRS、Wi-Fi、以太网等通信方式传输至分布式光伏运维平台，平台对所有光伏电站实现集中监控，通过图文视图清晰展示全局情况。提供远程维护，实时显示电站地理位置信息、辐照量、模块温度、环境温度、风速、电站经纬度、倾角方向等信息。逆变器故障诊断工具详细显示逆变器实测数据。系统支持局域网部署和云部署，同时提供手机 App 客户端，及时推送最新信息。

　　瑞亚分布式仿真规划软件作为新能源系统工程规划部署平台，可以导入各种现实或模拟的地形地貌，以网格形式部署和展示系统，具有地形、气候、产能、现金流等功能模拟功能。本软件基于 Visu Al studio C# 语言进行开发，使用 C/S 架构，采用 MYSQL 作为后台数据库，通过 FTP 与 MYSQL 数据库进行交互，供使用者用地图属性进行修正、部署供能设备，从而模拟出城市（区域）用能数据。

　　"分布式光伏工程实训系统（Demeter131 A）"硬件平台设备外观如图 2-1 所示。

图 2-1　硬件平台设备外观

2.3 设备详述

2.3.1 分布式光伏装调实训平台（Demeter131 A-T）

分布式光伏装调实训平台主要由供能模块、负载模块、数据采集模块、集中控制模块、智能离网微逆变模块、环境感知模块、通信模块等内容组成。如图 2-2 所示。

图 2-2 分布式光伏装调实训平台

2.3.1.1 供能模块

供能模块由光伏单轴供电单元、可调直流稳压电源及蓄电池组成，给分布式光伏装调实训平台、并网隔离系统提供直流电。

1．光伏单轴供电单元

光伏单轴发电平台由 4 块 12 V、20 W 的光伏组件，1 只 24 V 供电的光敏传感器，2 只投射灯，追日机构等部件组成。外观效果如图 2-3 所示。

光伏单轴发电平台（Demeter131 A-0002）是单轴被动跟踪系统。光敏传感器安装在太阳能电池方阵上，与其同步运行。光线方向一旦发生细微变化，则传感器失衡，系统输出信号产生偏差，当偏差达到一定幅度时，传感器输出相应信号，执行机构开始纠偏，使传感器重新达到平衡，即由传感器输出信号控制的太阳能电池方阵平面与光线成角时停止转动，完成一次调整周期。如此不断调整，时刻沿着太阳的运行轨迹追随太阳，构成一个闭路反馈系统，实现自动跟踪。系统不需设定基准位置，传感器永不迷失方向。

2．可调直流稳压电源

可调直流稳压电源采用当前国际先进的高频调制技术，将开关电源的电压和电流展宽，实现电压 0~100 V 和电流 0~10 A 的大范围调节。通过对直流稳压电源的调节输出不同的电压,实现对智能离网微逆变系统和并网逆变器供电。

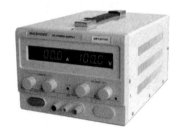

图 2-3　光伏单轴发电平台 　　　　　　　图 2-4　可调直流稳压电源

表 2-1 为可调直流稳压电源工作参数。

表 2-1　可调直流稳压电源工作参数

项目	参数表
工作电压	AC 220 V
输出电压	DC 0 ~ 100 V 连续可调
输出电流	DC 0 ~ 10 A 连续可调
显示分辨率	电压 0.1 V,电流 0.1 A
显示精度	±1% ±1 字
电压稳定度	≤ 0.2%
电流稳定度	≤ 0.5%
负载稳定度	≤ 0.5%

3. 蓄电池

蓄电池实现对电能的储存,并在离网系统中进行能源补偿。

2.3.1.2 负载模块

分布式光伏发电平台的负载模块,包含直流负载和交流负载两大类,涵盖分布式光伏工程中所常用的各种负载类型,真实化还原了分布式光伏工程中负载的使用情况,是一种将电能转换成其他形式的能量的装置。

负载模块功能参数如表 2-2 所示。

表2-2　负载模块功能参数

名称	交流 LED 灯	直流 LED 灯	交流风扇
实物	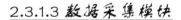		
额定电压	AC220 V	DC24 V	AC 220 ~ 240 V
额定电流	0.01 A	–	0.14 A
额定频率	50 Hz	1.4 ~ 2 W	50/60 Hz
额定功率	1 W	–	23/21 W
功能	–	常亮带蜂鸣器	–
灯颜色	–	R：红，Y：黄，G：绿	–
接线方式	–	电源直接输入——不分正 / 负	–

2.3.1.3 数据采集模块

分布式光伏装调实训平台的数据采集模块具有自校准、人工校准和对传感器修正的功能及完善的网络通信功能，与各种带串行输入 / 输出的设备进行双向通信，组成网络控制系统。该模块包含 2 只交流电压电流组合表、2 只直流电压电流组合表、1 只单相电子式电能表及 1 只双向电能表。

交流电压电流组合表：分别采集分布式装调实训平台的工作电流电压、交流负载工作电流电压。

直流电压电流组合表：分别采集光伏组件或可调直流稳压电源的输入电流电压、光伏控制器的输出电流电压。

单相电子式电能表：采集并网发电的总电能数据。

双向电能表：计算系统上网电量及从市电获取的电量。

其中，交流电压电流组合表和直流电压电流组合表也可以根据分布式光伏发电系统的功能需求灵活搭配，实现各项电能的测量。

智能数据采集模块具有自校准、人工校准和对传感器修正的功能，完善的网络通信功能，与各种带串行输入 / 输出的设备进行双向通信，组成网络控制系统。

交流电压电流组合表可分别采集分布式光伏工程平台中市电的工作电压、电流等数据和智能离网微逆变系统的输出电压、电流等数据。直流电压电流组合表分别可采集光伏组件、可调直流稳压电源输入的电压、电流等数据和光伏控制器输出的电压、电流等数据。

交流电压电流组合和直流电压电流组合表也可以根据分布式光伏发电系统的功能需求灵活搭配，实现各项电能的测量。

1.交流电压电流组合表

交流电压电流组合表的实物及电能计量接线方式如图 2-5 所示。

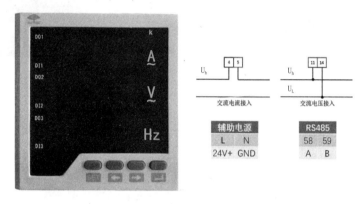

图 2-5　交流电压电流组合表实物及电能计量接线方式

交流电压电流组合表的参数如表 2-3 所示。

表 2-3　交流电压电流组合表的参数

项目	参数表	
信号输入	电压	AC 0 ~ 450 V
	电流	0 ~ 5 A
	频率	50/60 Hz
工作电压	DC 24 V	
通信	RS485 通信接口 符合国际标准的 MODBUS-RTU 协议 通信速度 1200 ~ 9600 bit/s（出场默认 2400 bit/s）	
测量精度	0.5	

2.直流电压电流组合表

直流电压电流组合表的实物及电能计量接线方式如图 2-6 所示。

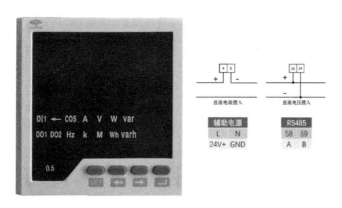

图 2-6 直流电压电流组合表实物及电能计量接线方式

直流电压电流组合表的参数如表 2-4 所示。

表 2-4 直流电压电流组合表的参数

项目	参数表	
信号输入	电压	DC 220 V
	电流	5 A
工作电压	DC 24 V	
通信	RS485 通信接口 符合国际标准的 MODBUS-RTU 协议 通信速度 1200-9600（出场默认 2400）	
测量精度	0.5	

3．单相电子式电能表

单相电子式电能表的实物及电能计量接线方式如图 2-7 所示。

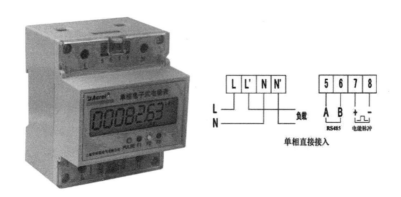

图 2-7 单相电子式电能表实物及电能计量接线方式

单相电子式电能表的参数如表 2-5 所示。

表 2-5　单相电子式电能表的参数

项目	参数表		
电压输入	额定电压	220 V	
	功耗	＜5 V A	
电流输入	输入电流	1.5（6）A，5（20）A，10（40）A，20（80）A	
	启动电流	直接接入	0.004IB
		经 CT 接入	0.002IB
	功耗	＜4 V A（最大电流）	
通信	接口	RS485（A+，B+）	
	协议	MODBUS–RTU，DL/T645–07，DL/T645–97	
测量精度	1.0		

4．双向电能表

双向电能表的实物及电能计量接线方式如图 2-8 所示。

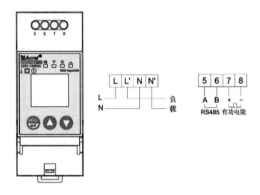

图 2-8　双向电能表实物及电能计量接线方式

双向电能表的参数如表 2-6 所示。

表 2-6　双向电能表的参数

项目	参数表	
电压输入	工作电压	AC 220 V ± 20%
	功耗	＜2 V A
电流输入	基本电流	10 A
	最大电流	60 A
	启动电流	40 m A
	功耗	＜1 V A（最大电流）
通信	接口	RS485（A+，B+）
	协议	MODBUS–RTU
测量精度	1.0	

2.3.1.4 集中控制模块

集中控制模块实现对光伏直流系统、光伏离网交流系统、光伏并网系统的控制，由三菱 FX50-64MR-EPLC、光伏控制器、开关按钮盘、继电器、接触器等部件构成。

1. 三菱 FX50-64MR-E PLC

在分布式光伏工程实训系统中，通过 PLC 和开关按钮盘联合使用来实现对继电器或接触器的控制，从而实现对整个光伏系统稳定、可靠、快速的逻辑控制。三菱 FX50-64MR-EPLC 的实物及端口情况如图 2-9 所示。

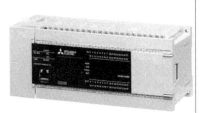

（A）三菱 FX50-64MR-EPLC 外观　　　　（b）三菱 FX50-64MR-EPLC 端口

图 2-9　三菱　FX50-64MR-EPLC

三菱 FX50-64MR-EPLC 的参数如表 2-7 所示。

表 2-7　三菱 FX50-64MR-EPLC 的参数

项目	参数表	
额定电压	AC100~240 V	
电压允许范围	AC85~264 V	
额定频率	50/60Hz	
允许瞬时停电时间	对 10ms 以下的瞬时停电会继续运行	
消耗功率	40 W	
DC24 V 供给电源容量	600 m A（CPU 模块输入回路使用供给电源时额容量）	
	740 m A（CPU 模块输入回路使用外部电源时额容量）	
DC5 V 电源容量	1100 m A	
输入点数	32 点	
输入形式	漏型 / 源型	
输入信号电压	DC24 V +20%、-15%	
输入信号电流	X000~X017	5.3 m A/DC24 V
	X020 以后	4 m A/DC24 V
输出点数	32 点	
输出种类	继电器	
外部电源	DC30 V 以下	
	AC240 V 以下（不符合 CE、UL、cUL 规格时为 AC250 V 以下）	

2.光伏控制器

光伏控制器是用于太阳能发电系统中，控制太阳能电池方阵对蓄电池充电以及蓄电池给后端负载供电的自动控制设备。光伏控制器分为光伏输入端、蓄电池输入端和光伏控制器输出端。光伏输入端接入直流稳压电源或光伏单轴发电平台，然后根据蓄电池端接入的相应的 12 V 或 24 V 电压，输出 12 V 或 24 V 电压给后端器件使用。

2.3.1.5 环境感知模块

环境感知模块实现环境的温湿度、光照度的采集，包含 24 V 供电的光照度传感器、5 V 供电的温度湿度传感器，分别采集温湿度、光照信息后按差分信号正逻辑或其他所需形式的信息输出，以满足用户需求。当使用阻抗更高的接收器时可以驱动更多的接收器。

1.24 V 供电的光敏传感器

光敏传感器实物及电能计量接线方式如图 2-10 所示。

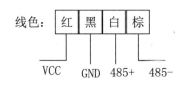

图 2-10　光敏传感器实物及电能计量接线方式

光敏传感器的参数如表 2-8 所示。

表 2.8　光敏传感器的参数

项目	参数表
供电电压	DC 24（22 ~ 26 V）
输出	RS485
通信	RS485（A+，B+）
最大允许误差	±7%
操作环境温湿度	0 ~ 70 ℃、0% RH ~ 70% RH

2.5 V 供电的温度湿度传感器

温度湿度传感器实物及接线方式如图 2-11 所示。

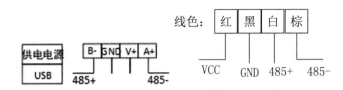

图 2-11　温度湿度传感器实物及接线方式

温度湿度传感器的参数如表 2-9 所示。

表 2.9　温度湿度传感器的参数

项目	参数表
供电电压	USB 5 V
通信	RS485（A+，B+）标准 MODBUS RTU 协议
温度测量范围	−20~60 ℃
温度测量精度	±0.3 ℃（25 ℃）
湿度测量范围	0~99.9% RH
湿度测量精度	±2% RH（25 ℃）
显示分辨率	温度：0.1℃，湿度：0.1% RH

2.3.1.6 通信模块

通信模块实现系统的通信及数据传输，包含 1 个交换机、2 个 LoR A 通信模块、1 个光伏运维终端、1 个智慧运维采集器。

交换机分别为 PLC、光伏运维终端或智慧运维采集器、计算机提供独享的电信号通路进行通信。

2 只 LoR A 通信模块，分别用于发送采集端环境感知模块的数据和接收采集端环境感知模块的数据，建立一种基于扩频技术的超远距离无线传输方案。然后接收端以 485 通信的方式接入组态软件中，实现对数据的远程采集。

光伏运维终端或智慧运维采集器用于采集并网逆变器的信息，通过以太网的通信方式稳当、可靠、快速地将并网逆变器数据传输给分布式光伏智能运维软件。

1. 交换机

交换机的实物如图 2-12 所示。

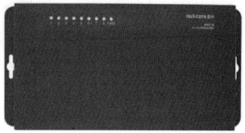

图 2-12 交换机实物

交换机的参数如表 2-10 所示。

表 2.10 交换机参数表

项目	参数表
电源	DC 5 V/2 A
标准和协议	IEEE 802.3.IEEE 802.3u、IEEE802.3 Ab、IEEE802.3x
端口	8 个 10/100M 自适应 RJ45 端口（Auto MDI/MDIX）
网络介质	10B Ase-T:3 类或 3 类以上 UTP； 100B Ase-TX：5 类 UTP； 1000B Ase-T：超 5 类 UTP
转发速率	10/100/1000 Mbit/s
背板带宽	16 Gbit/s
M AC 地址表	8K
LED 指示	10/100/1000 Mbit/s（LINK/ ACT）、Po Wer（电源）
转发模式	存储转发
访问方式	CSM A/CD

2.LoR A 通信模块

LoR A 通信模块的实物如图 2-13 所示。

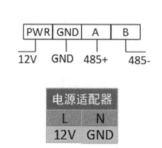

图 2-13 LoR A 通信模块的实物

LoR A 通信模块的参数如表 2-11 所示。

表 2.11　LoR A 通信模块的参数表

项目	参数表
供电范围	DC 5~36 V
通信标准及频段	410 ~ 441MHz，1000 kHz 步进，建议（433±5）MHz，出厂默认 433 MHz
室内 / 市区通信距离	1 km
户外 / 视距通信距离	3.5 km
模块化插槽数	5
串口	1 个 RS232 和 1 个 RS485（或 RS422）接口，内置 15K V ESD 保护，串口参数如下：数据位：8 位；停止位：1 位、2 位；校验：无校验、奇校验、偶校验；波特率：300bit/s、600bit/s、1200bit/s、2400bit/s、4800bit/s、9600bit/s、19200bit/s、38400bit/s、57600bit/s、115200bit/s

3．智慧运维采集器

智慧运维采集器的实物如图 2-14 所示。

图 2-14　智慧运维采集器的实物

智慧运维采集器的参数如表 2-12 所示。

表 2.12　智慧运维采集器的参数

项目	参数表
工作电压	5~12 V
通信方式	上行通信接口：以太网；下行采集接口（连接设备）:RS485；上行通信接口的通信协议:鉴衡规范（金太阳）；下行采集接口通信协议 :modbus 通信协议
工作温度	−45~85 ℃
防水等级	IP65

4．光伏运维终端

光伏运维终端的实物如图 2-15 所示。

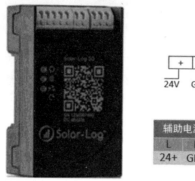

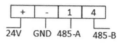

图 2-15　光伏运维终端实物

光伏运维终端的参数如表 2-13 所示。

表 2.13　光伏运维终端参数

项目	参数表
工作电压	DC 24 V
通信方式	2 个 RS485，1 个 RS232
支持最大电站规模	15 k Wp
传送数据	以太网

2.3.1.7 智能离网微逆变模块

智能离网微逆变模块是分布式光伏工程实训系统的一个重要部件，它是一款总功率为 240 W 的功率变换装置，能将光伏组件的输出能量转换为 220 V 交流电，其最大效率大于 86%。它主要由逆变桥、控制逻辑和滤波电路组成。通过对瑞亚智能离网微逆变系模块软件或硬件的设置将直流供电逆变输出为交流电供给后端负载使用。在瑞亚智能微逆变器系统软件的逆变控制界面对死区时间、基波频率、输出电压进行设置更改，从而设定智能离网微逆变模块的输出电压与频率，同时在串口屏显示返回的电压、电流、温度、频率等数据。

智能离网微逆变器模块在采样显示界面可以观测模块的输出电压、电流的波形与电压、电流、功率等数值。智能离网微逆变模块主控板可对 4 路电路进行信号故障检测，并在串口屏与主控板上进行故障指示灯的显示与报警。智能离网微逆变模块能够支持 RS485/RS232/ Wi-Fi/ 以太网等多种通信手段。智能离网微逆变模块的实物如图 2-16 所示。

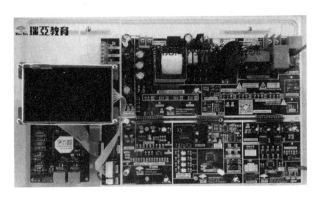

图 2-16 智能离网微逆变模块的实物

智能离网微逆变系统的参数如表 2-14 所示。

表 2.14 智能离网微逆变系统参数

项目	参数表
输入电压	DC20 ~ 28 V
输出电压	AC220 V/ 软件可调
输出频率	50Hz/60Hz（软件切换）
最大持续功率	240 W
峰值功率	400 W
转换效率	＞ 86%
高压切断	28 V
低压报警	20 V
通信	RS485/RS232/Wi-Fi/ 以太网
失真率	≤ 5%

2.3.2 分布式光伏并网隔离系统（Demeter131 A-GCIS）

分布式光伏并网隔离系统由并网逆变器、隔离变压器组成。

2.3.2.1 并网逆变器

并网逆变器具有多重保护功能、超高开关频率技术、设计轻便、安装简易、功率范围广（700 ~ 3600 W）等优势，甚至包括 IP65 户外型保护级别。其最大效率大于 97%，具有极低的启动电压，精确的 MPPT 算法和可控的 PM W 逆变器技术，支持 RS485/Wi-Fi/GPRS 等多种通信手段。通过可调直流稳压电源的输入，在市电接入的情况下。并网逆变器全自动追踪市电的电压、相位、频率并将电能转化为与电网同频、同相的正弦波电流，馈入电网，实现自主并网功能。并网逆变器的运行信息和各种故障信息等采用 RS485、Wi-Fi、GPRS 等多种通信手段上传至分布式光伏运维软件，可靠、安全、高效地实现并网发电功能。

并网逆变器的实物如图 2-17 所示。

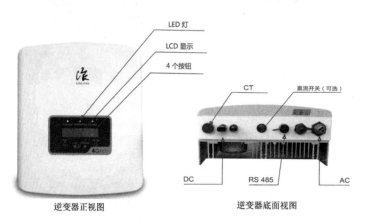

图 2-17　并网逆变器

并网逆变器的参数如表 2-15 所示。

表 2.15　并网逆变器的参数表

项目	参数表
最大输入功率 /kW/	0.9
最大输入电压 /V	600
启动电压 /V	60
MPPT 电压范围 /V	50 ~ 500
最大输入直流电流 / A	11
MPPT 数量 / 最大可接入组串数	1/1
额定输出功率 /k W	0.7
最大视在功率 /k V A	0.8
最大输出功率 /k W	0.8
额定电网电压 / V	230
电网电压范围 /V	160 ~ 230
额定电网频率 /Hz	50/60
额定电网输出电流 / A	3.2
最大输出电流 / A	4.4
最大效率	97.2%
MPPT 效率	> 99.5%

2.3.2.2 隔离变压器

隔离变压器是指输入绕组与输出绕组带电气隔离的变压器，隔离变压器用以避免偶然同时触及带电体，变压器的隔离是隔离原副边绕线圈各自的电流。使一次侧与二次侧的电气完全绝缘，也使该回路隔离。另外，利用其铁芯高频损耗大的特点，抑制高频杂波传入控制回路。用隔离变压器使二次对地悬浮，只能用在供电范围较小、线路较短的场合。此时，系统的对地电容电流小得不足以对人身造成伤害。其还有一个很重要的作用就是保护人身安全，隔离危险电压！

2.3.3 瑞亚分布式光伏智能运维系统

瑞亚分布式光伏智能运维系统界面如图 2-18 所示。

图 2-18 瑞亚分布式光伏智能运维系统界面

瑞亚分布式光伏智能运维系统作为光伏运维的主要软件工具，可以通过逆变器通信模块采集底层逆变器的运行信息，以 485 通信、GPRS 通信、Wi-Fi 或者以太网方式传输到瑞亚分布式光伏智能运维系统，本系统统一对所有的光伏电站实施集中监控，提供专业的远程维护、个性化设计、详细的运行报告，在服务器上存储，保护和备份电站产量、错误信息以及配置数据，定期报告时刻掌握最新的动态。显示所有电站的地理位置信息、实时的辐照量、模块温度、环境温度、风速、电站经纬度、倾角方向等信息。提供逆变器故障诊断工具，详细显示各个逆变器的实测数据。可以通过图文视图清晰展示全局情况。本软件既可以局域网内部署也可以云端部署，同时拥有手机 App 客户端，可及时向用户推送最新信息。

具体功能如下：

（1）管理中心功能

管理中心可根据用户管理，进行角色列表、权限管理定义各种管理权限，新建或者删除各个用户权限。电站管理功能包含新增、删除、编辑电站，采集器的删除和新增，对应逆变器的新增、修改、删除等。

（2）远程监控功能

远程监控功能包含地图上显示电站位置，单击后显示电站概要信息，如今日发电；总发电量；更新时间；界面显示当前登录用户所管理电站的统计信息、运行状况；详情显示以卡片形式展示当前用户管理的电站概要信息。故障检测，显示当前用户所管理的电站故障信息，可以处理的故障，故障原因分析，故障处理方法，是否解决等信息。

（3）电站数据功能

电站数据包含电站预览，显示选中电站的统计信息；日、月、年发电柱状和曲线图；经济效益日发电／收益、总发电／收益，节能减排，减排 CO_2，保护树木。实时数据显示逆变器的数据，历史数据显示对应逆变器的历史数据。数据分析对应小时发电，实时功率曲线，日、月、年发电柱状图。

（4）网络监测功能

显示选中电站的网络拓扑，并监控网络设备的运行情况，如果网络设备有故障则直观显示网络中。

（5）赛事管理功能

赛事管理功能包含增加赛事、编辑参赛人员、赛程参数设置、起止时间设定、结束时间设定。同时，自动实时进行赛事计分以及赛事控制。根据电站发电情况、参赛用时、故障情况给电站评分。

2.3.4 瑞亚分布式光伏仿真规划软件（ES522B）

瑞亚分布式光伏仿真规划软件实现新能源系统工程规划与设计功能，可以导入各种现实或模拟的地形地貌，以网格形式进行部署和展示系统，具有地形、气候、现金流等功能模拟。本软件基于 Visu Al studio C# 语言进行开发，使用 C/S 架构，采用 MYSQL 作为后台数据库，通过 FTP 与 MYSQL 数据库进行交互，供使用者用地图属性进行修正、部署供能设备，从而模拟出分布式光伏现金流等数据。如图 2-19 所示。

1. 瑞亚分布式光伏仿真规划软件功能介绍

（1）初始化功能

可根据项目不同需要导入相应的地形模块，将地形模块按照需要进行网格化，同时初始化地形参数，在平面地图上单击用能模块，部署到相应区域，设置各种用能模块的用能情况，设定天气模块的各种参数，完成沙盘的初始规划。如图 2-20 所示。

图 2-19 瑞亚分布式光伏仿真规划软件界面　　　　图 2-20 初始化功能界面

（2）部署功能

用户根据初始化完成对沙盘及提供的地形、气候情况部署能源设施，能源设施部署后即对能源模块的参数进行初始化设定。如图 2-21 所示。

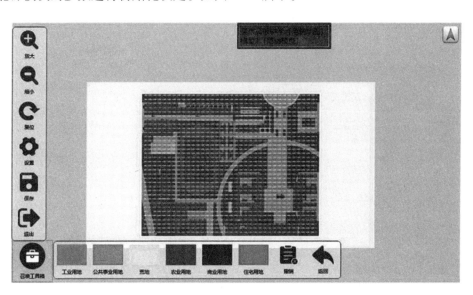

图 2-21 部署功能界面

（3）应用功能

在初始化和部署完成后，展示整个沙盘状态，并根据预设值进行计算和输出，根据输出结果形成各类报表。在沙盘模拟时间过程，可以动态调控各种能源的产能情况。

①园区模块

园区模块即沙盘展示的区域，也是让客户进行新能源规划部署的整个范围，根据需要预设园区的尺寸，并网格化园区。

②地形模块

地形模块加载在园区模块之上，可以是真实的地形地貌，也可设计成虚拟的地形地貌，基本参数：高程、地貌特征、地表、植被、对各种能源的影响因素、用地类型等。

③能源模块

能源模块将新能源设备设定参数（装机容量、光伏组件数量、对光伏组件的支架的选择、发电方式的选择、运维次数等）后放置到沙盘中。

④用能模块

用能模块设计园区内的各种工商业模型，设置各种用能模块的用能情况，如容积率、用电指标、用电时间、用能波动参数。

⑤天气模块（沙盘系统第四层，二维网格，不显示）

天气模块设计园区的气候情况，根据预设的年平均、月平均条件，可以在平均值范围进行随机模拟。主要参数为日照强度、日照时间。如图2-22所示。

（4）模拟功能

根据能源模块所部署的区域，将该区域的地形影响因素和天气影响因素进行分析计算，得出能源模块产生的现金流。同步图文显示。模拟功能界面如图2-23所示。

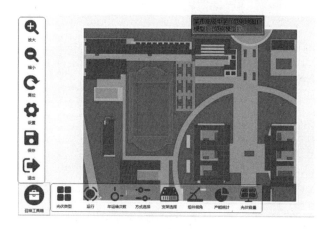

图2-22 应用功能界面

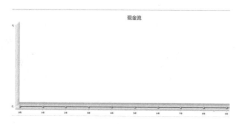

图2-23 模拟功能界面

2．软件配置

系统组成及实施要求：

（1）客户端：操作系统：Windows 7，需连互联网。

（2）服务器端：操作系统：Windo Ws 10/ Windo Ws 8/ Windo Ws 7/ Windo Ws XP。

（3）应用服务器：需连互联网。

（4）后台数据库：MYSQL数据库。

2.4　组态软件

2.4.1　力控组态软件

典型的计算机控制系统通常可以分为设备层、控制层、监控层、管理层四个层次结构，构成了一个分布式的工业网络控制系统，其中设备层负责将物理信号转换成数字或标准的模拟信号，控制层完成对现场工艺过程的实时监测与控制，监控层通过对多个控制设备的集中管理完成监控生产运行过程的目的，管理层实现对生产数据进行管理、统计和查询。监控组态软件一般是位于监控层的专用软件，负责对下集中管理控制层，向上连接管理层，是企业生产信息化的重要组成部分。

力控监控组态软件是对现场生产数据进行采集与过程控制的专用软件，最大的特点是能以灵活多样的"组态方式"而不是编程方式进行系统集成，它提供了良好的用户开发界面和简捷的工程实现方法，只要将其预设置的各种软件模块进行简单的"组态"，便可以非常容易地实现和完成监控层的各项功能，如在分布式网络应用中，所有应用（如趋势曲线、报警等）对远程数据的引用方法与引用本地数据完全相同，通过"组态"的方式可以大大缩短自动化工程师的系统集成时间，提高集成效率。

力控监控组态软件能同时和国内外各种工业控制厂家的设备进行网络通信，它可以与高可靠的工控计算机和网络系统结合，达到集中管理和监控的目的，同时可以方便地向控制层和管理层提供软、硬件的全部接口，实现与"第三方"的软、硬件系统的集成。如图 2-24 所示。

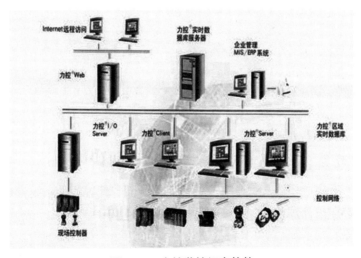

图 2-24　力控监控组态软件

力控监控组态软件基本的程序及组件包括工程管理器、人机界面 VIE W、实时数据库 DB、I/O 驱动程序、控制策略生成器以及各种数据服务和扩展组件等，其中实时数据库是系统的核心，力控组态软件结构如图 2-25 所示。

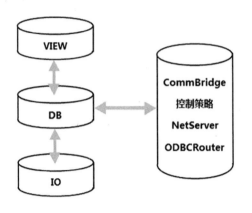

图 2-25　力控组态软件结构

2.4.1.1 工程管理器

工程管理器（图 2-26）用于工程管理，包括用于创建、删除、备份、恢复、选择工程等。

图 2-26　力控组态软件工程管理器

2.4.1.2 开发系统

开发系统是一个集成环境，可以完成创建工程画面、配置各种系统参数、脚本、动画、启动力控®其他程序组件等功能。如图 2-27 所示。

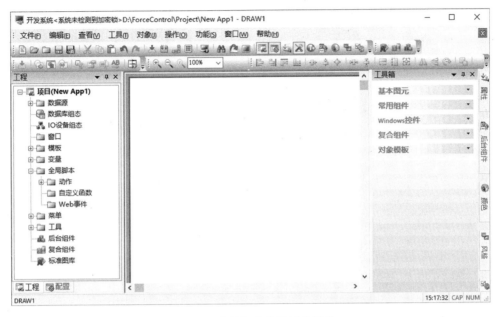

图 2-27　力控组态软件开发系统

2.4.1.3 界面运行系统

界面运行系统用来运行由开发系统创建的包括画面、脚本、动画连接等的工程，操作人员通过它来实现实时监控。如图 2-28 所示。

图 2-28　界面运行系统

2.4.1.4 实时数据库

实时数据库是力控®软件系统的数据处理核心，构建分布式应用系统的基础，它负责实时数据处理、历史数据存储、统计数据、报警处理、数据服务请求处理等。如图 2-29 所示。

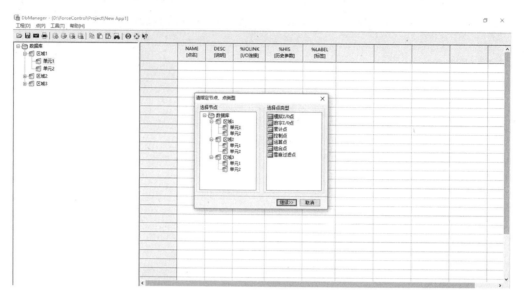

图 2-29　实时数据库

2.4.1.5 I/O 驱动程序

I/O 驱动程序负责力控®与控制设备的通信，它将 I/O 设备寄存器中的数据读出后，传送到力控®的实时数据库，最后界面运行系统会在画面上动态显示。如图 2-30 所示。

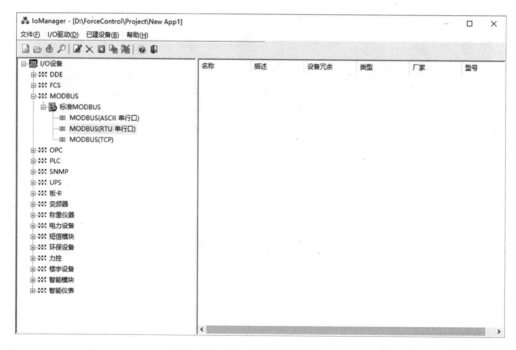

图 2-30　I/O 驱动程序

第3章

分布式光伏工程基础实训

3.1　光伏组件的连接与测试

3.1.1　任务简介

1．任务目的

（1）了解光伏组件的原理及工作原理；

（2）掌握光伏组件的连接与测试方法；

（3）掌握光伏组件串并联连接方式；

（4）掌握钳形表电压、电流测量方法。

2．任务内容

（1）按照任务要求完成组件串并联的连接；

（2）在室外光照下，使用钳形表测量光伏组件的开路电压、短路电流；

（3）在光伏单轴发电平台的日照模拟系统下，使用钳形表测量光伏组件的开路电压、短路电流。

3．功能要求

（1）能正确使用光伏单轴发电平台，调整组件光照倾斜角；

（2）能使用钳形表测量光伏组件的工作电压、工作电流、开路电压、短路电流等电能状态；

（3）能使用钳形表测量不同倾斜角光伏组件的电能状态；

（4）能进行组件串并联，并测量组件方阵的电能状态。

3.1.2 光伏组件原理

1. 本征半导体

完全不含杂质且无晶格缺陷的纯净半导体称为本征半导体（intrinsic semiconductor）。实际半导体不能绝对地纯净，本征半导体一般是指其导电能力主要由材料的本征激发决定的纯净半导体。

在绝对零度温度下，半导体的价带（V Alence b And）是满带，受到光电注入或热激发后，价带中的部分电子会越过禁带（forbidden b And/b And g Ap）进入能量较高的空带，空带中存在电子后成为导带（conductim b And），价带中缺少一个电子后形成一个带正电的空位，称为空穴（hole），导带中的电子和价带中的空穴合称为电子—空穴对。上述产生的电子和空穴均能自由移动，称为自由载流子（free c Arrier），它们在外电场作用下产生定向运动而形成宏观电流，分别称为电子导电和空穴导电。在本征半导体中，这两种载流子的浓度是相等的。随着温度的升高或光照时，载流子浓度是按指数规律增长，导电性能增加。

2. P型半导体和N型半导体

如果在本征半导体中掺入少量的杂质，半导体的导电性能将会大大改善。在半导体中掺入施主杂质（磷、砷、锑），就得到N型半导体；在半导体中掺入受主杂质（硼、铝、镓），就得到P型半导体。在P型半导体中，空穴占多数，自由电子占少数，空穴是多数载流子，电子是少数载流子。而N型半导体中，电子浓度高于空穴，电子为多数载流子，空穴为少数载流子。但掺杂的杂质本身也是电中性的，因此掺杂后的半导体仍然是电中性的。因为P型和N型半导体掺杂的杂质本身是电中性的，因此掺杂后的半导体正负电荷数量相等，仍然是电中性的。

3. PN结

采用不同的掺杂工艺，要把P型半导体与N型半导体结合在一起，电子或空穴将发生扩散运动，从高浓度区向低浓度区移动，从而在交界面处形成PN结（PNjunctiom）。并在结的两边形成势垒电场，使得电子或空穴的扩散运动达到平衡状态。如图3-1所示。

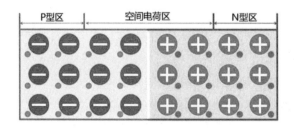

图3-1　PN结

4．光伏组件工作原理

光伏组件能量转换的基础是半导体 PN 结的光生伏特效应。当太阳光照射 PN 结时，半导体内的原子由于获得了光能而释放电子，产生电子 – 空穴对，在势垒电场的作用下，电子被驱向 N 型区，空穴被驱向 P 型区，从而在 PN 结的附近形成与势垒电场方向相反的光生电场。光生电场的一部分抵消势垒电场，其余使得 N 型区与 P 型区之间的薄层产生电动势，即光生伏特电动势，当接通外电路时便有电能输出。如图 3-2 所示。

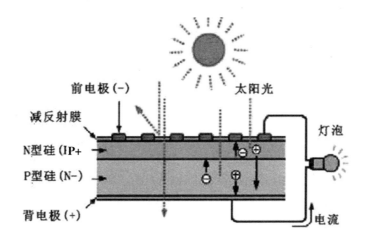

图 3-2　光生伏特电动势

5．光伏组件的串并联连接

光伏单体组件通过串并连可提升电池方阵的电压与电流。图 3-3 为 12 块单体电池串联结构。

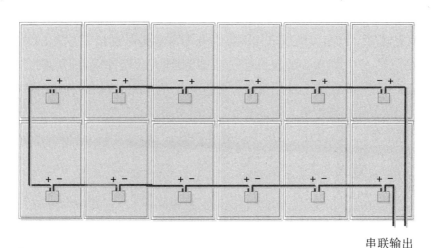

串联输出

图 3-3　串联电池组结构

3.1.3 任务操作步骤

1. 需求工具

（1）光伏组件，12 V/20 W，数量：4块；

（2）钳形表，UT203，数量：1块；

（3）工具包，数量：1套；

（4）光伏单轴发电平台，数量：1套。

2. 操作步骤

（1）取一块光伏组件，观察其结构，了解光伏组件的安装及结构。

（2）将一块光伏组件移动置室外，让光伏组件正对着自然光线（太阳光对光伏组件垂直照射）。

（3）将光伏组件正负极开路，使用钳形表切换置直流电压挡测量光伏组件输出正负极两端断开时的电压，记录开路电压数值。将光伏组件的正负极直接连接，使用钳形表切换至电流挡，测量光伏组件输出正负极两端短路时的电流，记录短路电流数值。尝试改变光伏组件角度，重新测量光伏组件输出特性并将数值填入表3-1中，完成任务操作内容。

表3-1 操作内容

倾斜角度	开路电压 / V	短路电流 / A

（4）取4块光伏组件，将其牢固地安装在光伏单轴发电平台中，并调整光伏组件倾斜角度，使其正对着日照模拟系统。

（5）安装完成后，将光伏组件采用两串两并的方式进行连接（方法如图3-4所示），打开日照模拟系统。使用钳形表切换至直流电压挡测量光伏组件输出正负极两端输出断开时的电压，记录开路电压数值。使用钳形表切换至电流挡测量光伏组件输出正负极两端短路时的电流，记录短路电流数值。尝试改变日照模拟系统光照度大小，重新测量光伏组件输出特性并将数值填入表3-2中，完成任务操作内容。

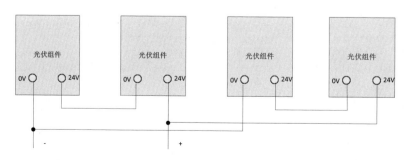

图3-4 两串两并连接

表 3.2 操作内容

光照情况	开路电压 /V	短路电流 / A

（6）完成任务操作内容后，对比记录数据，分析光伏组件串并联后，光伏组件输出性能的变化。

3.2 离网光伏工程直流系统搭建与测试

3.2.1 任务简介

1. 任务目的
（1）掌握光伏工程直流系统的组成；

（2）掌握空气开关、光伏控制器、蓄电池、直流负载的连接方法；

（3）掌握光伏组件、控制器的工作原理；

（4）掌握光伏工程直流系统的安装与接线；

（5）掌握单轴光伏供电系统的使用方法。

2. 任务内容
（1）完成光伏组件接入直流电压电流表 1 后到光伏控制器线路的连接；

（2）完成光伏控制器到蓄电池充放电线路的连接；

（3）完成光伏控制器接入直流电压电流表 2 后到直流负载线路的连接。

3. 功能要求
（1）直流电压电流表 1 测量光伏组件输出电压和电流；

（2）直流电压电流表 2 测量光伏控制器总输出电压和电流；

（3）光伏电能接入光伏控制器的导入与断开由空气开关控制；

（4）蓄电池与控制器的导入和断开由空气开关控制。

3.2.2 离网光伏工程直流系统原理

1. 光伏工程直流系统结构
光伏工程直流系统一般为离网光伏发电系统（光伏系统不产生交流电能，且不并入电网）。光伏工程直流系统结构如图 3-5 所示，主要包括光伏阵列、控制器、蓄电池和负载。太阳能光伏发电的核心部件是太阳能电池板，它能将太阳能直接转换成电能；并通过控制器把太阳能电池产生的电能存储于蓄电池中；当负载用电时，蓄电池中的电能通过控制器合理地分配到各个负载上。太阳能电池所产生的电流为直流电，可以直接以直流电的形式应用。

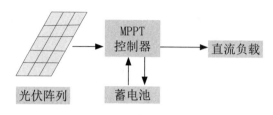

图 3-5　光伏工程直流系统结构

2．各部件功能

（1）光伏控制器

光伏控制器是用于太阳能发电系统中，控制多路太阳能电池方阵对蓄电池充电以及蓄电池给太阳能逆变器负载供电的自动控制设备。

光伏控制器具有 MPPT（最大功率点跟踪）功能，MPPT 控制器能够实时侦测光伏组件的发电电压，并追踪最高电压电流值（ VI），使系统以最大功率输出对蓄电池充电。应用于分布式光伏工程系统中，使光伏板能够输出更多电能并将光伏组件发出的直流电有效地储存在蓄电池中。

（2）蓄电池

蓄电池（stor Age b Attery）是将化学能直接转化成电能的一种装置，是按可再充电设计的电池，通过可逆的化学反应实现再充电，通常是指铅酸蓄电池，它是电池中的一种，属于二次电池。它的工作原理是：充电时利用外部的电能使内部活性物质再生，把电能储存为化学能，需要放电时再次把化学能转换为电能输出。

3．体系结构图

光伏工程直流系统如图 3-6 所示。单轴光伏供电系统通过空气开关 1 连接到光伏控制器的输入端；蓄电池通过控制器开关 2 连接到光伏控制器蓄电池输入端，负载"红灯""黄灯""绿灯""蜂鸣器"并联与光伏控制器输出端连接。直流电压电流表 1 测量单轴光伏供电电源的电量，直流电压电流表 2 测量光伏控制器输出的直流电量。当控制器的输入端（光伏、蓄电池）导通，光伏控制器开始工作；当负载继电器导通，负载开始工作。

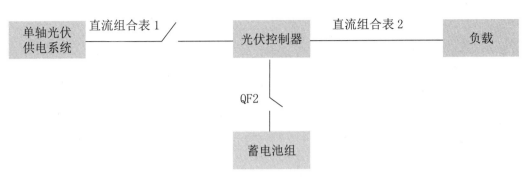

图 3-6　光伏工程直流系统

3.2.3　任务操作步骤

1. 需求工具

（1）光伏组件，12 V/20 W，数量：4 块；

（2）钳形表，UT203，数量：1 块；

（3）工具包，数量：1 套；

（4）蓄电池，12 V，数量：2 块；

（5）直流电压电流表，24 V 供电，数量：2 块；

（6）光伏控制器，12/24 V，数量：1 只；

（7）空气开关，16 A，数量：2 个。

2. 操作步骤

（1）根据光伏工程直流系统图，将光伏组件两串两并后接入空气开关 1，再从空气开关 1 出线至直流电压电流表 1。直流电压电流表 1 出线至光伏控制器光伏组件输入端，如图 3-7 所示。注意电压测量并联，电流测量串联。

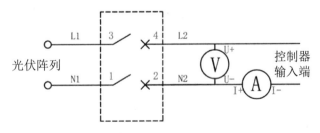

图 3-7　接触器 1 连接

（2）将蓄电池（BAT）串联后接入空气开关 2，再从空气开关 2 出线至光伏控制器蓄电池输入端，如图 3-8 所示。

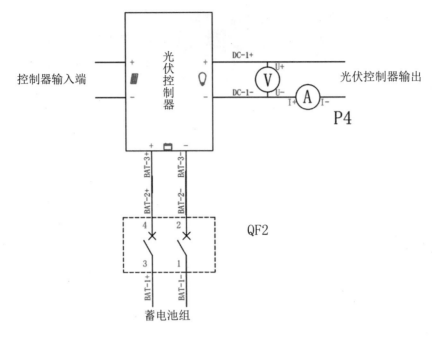

图 3-8 蓄电池连接

（3）光伏控制器输出端出线至直流电压电流表 2，直流电压电流表 2 出线至直流负载的红色灯光接线端，如图 3-8 所示。注意电压测量并联，电流测量串联。

（4）完成两块直流电压电流表的电源接线。

（5）完成直流负载连接。如图 3-9 所示。

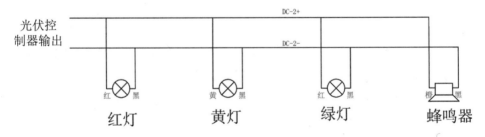

图 3-9 直流负载连接

（6）打开空气开关 2，使光伏控制器正常工作，记录光伏控制器上显示的蓄电池电压。

（7）打开光伏单轴发电平台的日照模拟系统让光伏组件正常发电、打开空气开关 1，光伏组件给蓄电池充电。观察直流电压电流表 1 的数值及蓄电池当前数值或使用钳形表直接测量数值并记录。如表 3-3 所示。

表 3.3 数据表

项目	电压 /V	电流 / A	光照强度
蓄电池正常待机			
蓄电池充电时			

（8）按下光伏控制器 SET 键，使光伏控制器输出，直流负载红色常亮。观察直流电压电流表 2 的数值及蓄电池当前数值或使用钳形表直接测量数值并记录。关闭光伏单轴发电平台的日照模拟系统，关闭空气开关 1。观察直流电压电流表 2 的数值及蓄电池当前数值或使用钳形表直接测量数值并记录。如表 3-4 所示。

表 3.4 数据表

光照度	电压 /V	电流 / A
组件接入时光伏控制器输出		
组件不接入时光伏控制器输出		

（9）调节日照模拟系统的光照度大小，观察直流电压电流表 1 的数值及蓄电池当前数值或使用钳形表直接测量数值并记录。如表 3-5 所示。

表 3.5 数据表

光照度	电压 /V	电流 / A

注：

1. 光伏控制器除了保护蓄电池和管理蓄电池的充电模式外，还有一项功能就是防止反充，即防止蓄电池向太阳能组件充电。当阳光辐照很弱或夜间时，光伏组件输出功率很低，电压较低或夜间电压为零，若光伏组件电压低于蓄电池电压，没有控制器的情况下，蓄电池会向太阳能组件充电。虽然太阳能组件可以在一段时间内承受外部给它的电流，但是长此以往，光伏组件老化加速，质量不佳的太阳能组件可能出现热灼伤、烧坏。

2. 控制器的电路自身损耗也是其主要技术参数之一，也叫空载损耗（静态电流）或最大自消耗电流。为了降低控制器的损耗，提高光伏电源的转换效率，控制器的电路自身损耗要尽可能低。控制器的最大自身损耗不得超过其额定充电电流的 1% 或 0.4 W。根据电路不同自身损耗一般为 5 ~ 20 mA。

3. 蓄电池的充电浮充电压一般为 13.7 V（12 V 系统）、27.4 V（24 V 系统）。

3.3 离网光伏工程交流系统搭建与测试

3.3.1 任务简介

1. 任务目的

（1）掌握光伏工程交流系统的组成；

（2）掌握空气开关、光伏控制器、蓄电池、直流负载的连接方法；

（3）掌握光伏组件、控制器、离网逆变器的工作原理；

（4）掌握光伏工程交流系统的安装与接线；

（5）掌握单轴光伏供电系统的使用方法。

2. 任务内容

（1）完成光伏工程直流系统连接，包括光伏组件接入光伏控制器线路的连接；完成光伏控制器到蓄电池充放电线路的连接；

（2）完成光伏控制器与离网逆变器连接；完成离网逆变器与交流负载的连接；

（3）完成功能要求所规定的直流电压电流表、交流电压电流表、空气开关等部件的连接；

（4）要求光伏单轴发电平台、光伏控制器、智能离网微逆变系统、智能仪表、继电器接线正确；接线时选择合适的线径、颜色，做线工艺参照国标，端子露铜不得超过限值；操作时，严格遵循操作规范。智能离网微逆变系统上电顺序：先上 24 V 信号电源，再上功率源电源，关电顺序反之。

3. 功能要求

（1）电表测量要求：直流电压电流表 1 测量光伏组件输出电压和电流；直流电压电流表 2 测量光伏控制器总输出电压和电流；交流电压电流表 1 测量离网逆变器输出的交流电能。

（2）电源控制要求：蓄电池与控制器的导入和断开由空气开关控制；光伏控制器与逆变器的导入和断开由空气开关控制；光伏逆变器与交流负载的导入和断开由空气开关控制。

3.3.2 离网光伏工程交流系统原理

1. 光伏工程交流系统结构

光伏工程交流系统为离网光伏发电系统（因为光伏系统产生的交流电能不并入电网）中的一种模式。光伏工程交流系统结构主要包括光伏阵列、光伏控制器、蓄电池、离网逆变器和负载。太阳能光伏发电的核心部件是太阳能电池板，它能将太阳能直接转换成电能；并通过控制器把太阳能电池产生的电能存储于蓄电池中；逆变器将其转换成为交流电，供交流负载使用。与光伏工程直流系统相比，交流光伏发电系统多了一个交流逆变器，用以把直流电转换成交流电，为交流负载提供电能。如图 3-10 所示。

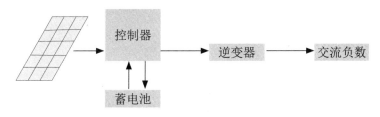

图 3-10　光伏工程交流系统结构

2．系统设备

（1）智能离网微逆变系统

智能离网微逆变系统实现将直流电能转换成交流电能。它是一款总功率为 240 W 的功率变换装置，能将光伏组件的输出能量转换为 220 V 交流电，其最大效率大于 86%。它主要由逆变桥、控制逻辑和滤波电路组成。将直流 24 V 推挽升压至 400 V 直流电，再经过逆变桥 SP WM 正弦脉宽调制技术逆变成 220 V/50Hz 交流电。

（2）交流负载

交流负载的主要部件是交流电动机。其工作原理是：通电线圈在磁场中受力而转动。能量的转化形式是：电能主要转化为机械能，同时由于线圈有电阻，所以不可避免地有一部分电能要转化为热能。

3．体系结构图

光伏工程交流系统如图 3-11 所示。单轴光伏供电系统通过空气开关 1 连接到光伏控制器的输入端；蓄电池通过空气开关 2 连接到光伏控制器输入端；光伏控制器通过空气开关 3 与离网逆变器连接；逆变器输出连接到"交流灯"和"交流风扇"灯交流负载上。直流电压电流表 1 测量单轴光伏供电电源的电量；直流电压电流表 2 测量光伏控制器输出的直流电量；交流电压电流表 1 测量逆变器输出电能。

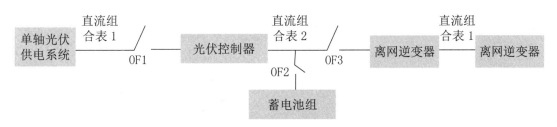

图 3-11　光伏工程交流系统

3.3.3 任务操作步骤

1. 需求工具

（1）光伏组件，12 V/20 W，数量：4块；

（2）钳形表，UT203，数量：1块；

（3）工具包，数量：1套；

（4）蓄电池，12 V，数量：2块；

（5）直流电压电流表，24 V供电，数量：2块；

（6）交流电压电流表，24 V供电，数量：1块；

（7）光伏控制器，12/24 V，数量：1只；

（8）智能离网微逆变系统，240 W，数量：1套；

（9）开关电源，24 V，数量：1只；

（10）空气开关，16 A，数量：4个。

2. 操作步骤

（1）根据光伏工程直流系统图，将光伏组件两串两并后接入空气开关1，再从空气开关1出线至直流电压电流表1。直流电压电流表1出线至光伏控制器光伏组件输入端，如图3-11所示。注意电压测量并联，电流测量串联，电表电源线连接。

（2）将蓄电池（BAT）串联后接入空气开关2，再从空气开关2出线至光伏控制器蓄电池输入端，如图3-13所示。

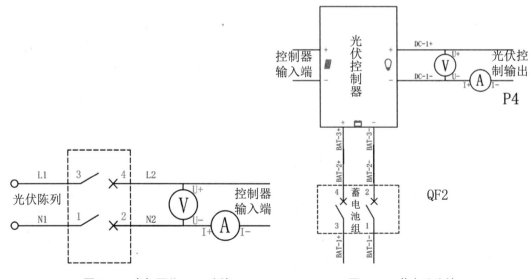

图 3-12 空气开关 1 连接　　　　　　图 3-13 蓄电池连接

（3）光伏控制器输出端出线置直流电压电流表2，直流电压电流表2出线置直流负载的红色灯光接线端，如上图所示。注意电压测量并联，电流测量串联，电表电源线连接。

（4）进行光伏控制器输出与空气开关3连接；可参考步骤（1）内容。

（5）进行光伏控制器输出与离网逆变器输入连接；完成逆变器工作电源的连接；完成逆变器工作控制开关连接，具体如图3-14所示。

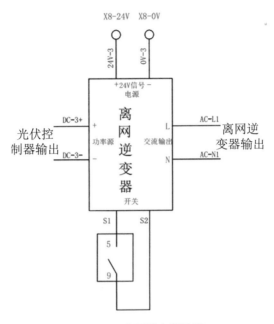

图3-14 离网逆变器连接

（6）进行离网逆变器输出与交流负载连接；进行交流组合表1电压、电流测量端接线连接，具体如图3-15所示。注意电压测量并联，电流测量串联，电表电源线连接。

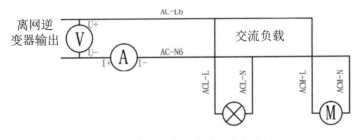

图3-15 交流负载及交流组合表连接

（7）打开空气开关1、空气开关2，使光伏控制器正常工作，打开光伏单轴发电平台的日照模拟系统，让光伏组件正常发电；打开空气开关3，使智能离网微逆变系统电能导入工作。

（8）按下光伏控制器SET键，使光伏控制器输出，智能离网微逆变系统功率源输入端得电，交流负载工作。观察交流电压电流表1和直流电压电流表2的数值或使用钳形表直接测量数值并记录在表3-6中。

表 3.6　数据测量表

输入电压 /V	输入电流 / A	输出电压 /V	输出电流 / A

注：逆变器在工作时其本身也要消耗一部分电力，因此，它的输入功率要大于它的输出功率。逆变器的效率即是逆变器输出功率与输入功率之比，即逆变器效率为输出功率比输入功率。如一台逆变器输入了 100 W 的直流电，输出了 90 W 的交流电，那么，它的效率就是 90%。

3.4　分布式光伏工程并网系统搭建与测试

3.4.1　任务简介

1.任务目的

（1）掌握分布式光伏工程并网系统的组成；

（2）掌握空气开关、并网逆变器、电能表、空气开关的连接方法；

（3）掌握光伏组件、并网逆变器、电能表的工作原理；

（4）掌握分布式光伏工程并网系统的安装与接线；

（5）掌握单轴光伏供电系统的使用方法，掌握单轴光伏供电系统与直流可调稳压电源的连接方式。

2.任务要求

（1）完成单轴供电系统的安装与连接；完成直流可调稳压电源的接入；完成单轴供电模块与并网逆变器的连接；完成并网逆变器与单向电能表、交流负载的连接；完成市电接入及电能导入与导出的测量；

（2）完成功能要求所规定的直流电压电流表、交流电压电流表、空气开关等部件的连接；

（3）要求光伏单轴发电平台、并网逆变器、智能仪表等接线正确；接线时选择合适的线径、颜色，做线工艺参照国标，端子露铜不得超过限值；操作时，严格遵循操作规范。

3.功能要求

（1）电表测量要求。直流电压电流表 1 测量光伏组件输出电压和电流，交流电压电流表 1 测量市电流进电压电流，交流电压电流表 2 测量交流负载用电，单向电能表测量并网

逆变器输出电能,双向电能表测量市电导入与导出;

（2）电源控制要求。单轴光伏供电系统接入并网逆变器由空气开关控制,交流负载电能的导入与断开由空气开关控制,交流市电的导入由空气开关控制。

3.4.2　分布式光伏工程并网系统原理

1.分布式光伏工程并网系统

光伏工程并网系统由单轴光伏供电系统、并网逆变器、交流负载、单相电能表、双向电能表、隔离变压器、市电以及空气开关组成。单轴光伏供电系统通过控制器开关 1 连接于并网逆变器;并网逆变器连接于单相电能表;单相电能表连接于交流负载,同时与双向电能表连接;市电经过空气开关 2 与隔离变压器连接;隔离变压器再与双向电能表连接。当单轴光伏供电系统电能足够,通过并网逆变器产生交流电能为负载供电,同时将多余的电能反馈给市电网络;当单轴光伏供电系统电能不足时,市电交流电能和并网逆变器输出交流电能共同为负载提供交流电能。同时,直流电压电流表 1 测量光伏组件输出电压和电流,交流电压电流表 1 测量市电流进电压电流,交流电压电流表 2 测量交流负载用电,单向电能表测量并网逆变器输出电能,双向电能表测量市电导入与导出,单轴光伏供电系统接入并网逆变器由空气开关控制,交流负载电能的导入与断开由空气开关控制,交流市电的导入由空气开关控制。光伏工程交流系统结构如图 3-16 所示。

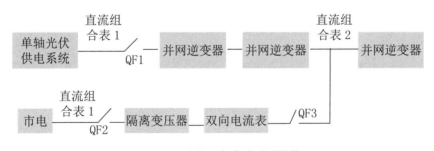

图 3-16　光伏工程交流系统结构

2.系统设备

（1）并网逆变器

并网逆变器具有多重保护功能、超高开关频率技术、设计轻便、安装简易、功率范围广（700～3600 W）等优势,甚至包括 IP65 户外型保护级别。其最大效率大于 97%,具有极低的启动电压,精确的 MPPT 算法和可控的 PM W 逆变器技术,支持 RS485、Wi-Fi、GPRS 等多种通信手段。通过可调直流稳压电源的输入,在市电接入的情况下,并网逆变器全自动追踪市电的电压、相位、频率并将电能转化为与电网同频、同相的正弦波电流,馈入电网,实现自主并网功能。并网逆变器的运行信息和各种故障信息等采用 RS485、Wi-Fi、GPRS 等多种通信手段上传至分布式光伏运维软件。可靠、安全、高效地实现并网发电功能。

（2）隔离变压器

隔离变压器是指输入绕组与输出绕组带电气隔离的变压器，隔离变压器用以避免偶然同时触及带电体，变压器的隔离是隔离原副边绕线圈各自的电流。使一次侧与二次侧的电气完全绝缘，也使该回路隔离。另外，利用其铁芯的高频损耗大的特点，从而抑制高频杂波传入控制回路。用隔离变压器使二次对地悬浮，只能用在供电范围较小、线路较短的场合。此时，系统的对地电容电流小得不足以对人身造成伤害。还有一个很重要的作用就是保护人身安全，隔离危险电压！

3.4.3 任务操作步骤

1. 需求工具

（1）钳形表，UT203，数量：1 块；

（2）工具包，数量：1 套；

（3）直流电压电流表，24 V 供电，数量：1 块；

（4）单相电能表，数量：1 块；

（5）隔离变压器，1000 V A，数量：1 只；

（6）并网逆变器，700 W，数量：1 套；

（7）可调直流稳压电源，100 V/10 A/100 W，数量：1 只；

（8）空气开关，16 A，数量：2 个。

2. 操作步骤

（1）在单轴光伏供电系统中，为并网逆变器提供输入直流电能，由可调直流稳压电源代替光伏电池电能；可调直流稳压电源输出端出线至空气开关 1，空气开关 1 出线至直流电压电流表 1。注意电压测量并联，电流测量串联，电表电源线连接。

（2）电流输出连接并网逆变器输入端，并网逆变器输出端连接单相电能表，单相电能表电源线连接，如图 3-17 所示。

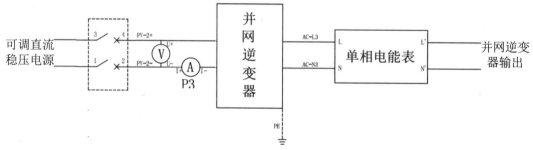

图 3-17　单轴光伏供电系统、电表、逆变器连接

（3）单相电能表输出连接负载。如图 3-18 所示。

（4）市电通过交流组合表 1 与空气开关 2 连接，空气开关 1 与隔离变压器连接，如图 3.19 所示。

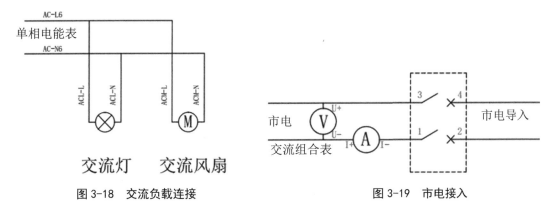

图 3-18　交流负载连接　　　　　　　　　图 3-19　市电接入

（5）市电导入后，与隔离变压器连接；隔离变压器与双向电能表连接；双向电能表与电源连接；双向电能表与空气开关 3 连接；空气开关 1 与单相电能表连接；如图 3-20 所示。

图 3-20　隔离变压器与双向电能表连接

（6）打开空气开关 1，打开空气开关 2，打开空气开关 3，单相电能表得电，并网逆变器进入初始化。并网逆变器初始化完成后，慢慢调整可调直流稳压电源输出电流，使其固定在 7 A。

（7）观察并网逆变器窗口是否正常运行，正常运行后保持 15 min，观察并网逆变器窗口发电量数据及各项电能数据记录并填至表 3-7 中。正常运行后保持 30 min，观察并网逆变器窗口发电量数据及各项电能数据记录并填至表 3-7 中。

表 3.7　数据测量表

输入电压 /V	输入电流 /A	输出电压 /V	输出电流 /A	发电量（kw·h）	运行时间 /h

（8）断开空气开关 2 观察并网逆变器运行状态，分析原因，再打开空气开关 2 观察并网逆变器运行状态，分析原因。

注：1. 该并网逆变器将直流转变为交流的过程中的最大效率为 97.2% 左右。

2. 并网逆变器检测到电网故障时，自动停止向电网供电。当并网逆变器检测到电网恢复时，恢复向电网供电。

3.5 分布式光伏工程离并网系统搭建与测试

3.5.1 任务简介

1. 任务目的

（1）掌握分布式并离网混合系统的组成；

（2）掌握空气开关、光伏控制器、蓄电池、离网逆变器、并网逆变器、电能表、空气开关的连接方法；

（3）掌握光伏组件、离网逆变器、并网逆变器、光伏控制器的工作原理；

（4）掌握分布式并离网混合系统的安装与接线；

（5）掌握单轴光伏供电系统的使用方法。

2. 任务要求

（1）完成光伏工程离网系统连接，包括光伏组件接入光伏控制器线路的连接；完成光伏控制器到蓄电池充放电线路的连接，离网逆变器输入、输出的连接；

（2）完成光伏工程并网交流系统连接，包括并网逆变器、双向电能表、单向电能表的连接；交流负载的连接；

（3）完成功能要求所规定的直流电压电流表、交流电压电流表、空气开关等部件的连接；

（4）要求光伏单轴发电平台、光伏控制器、蓄电池、智能离网微逆变系统、并网逆变器、智能仪表接线正确；接线时选择合适的线径、颜色，做线工艺参照国标，端子露铜不得超过限值；操作时，严格遵循操作规范。智能离网微逆变系统上电顺序：先上 24 V 信号电源，再上功率源电源，关电顺序反之。

3. 功能要求

（1）电表测量要求。直流电压电流表 1 测量单轴光伏供电系统输出电压和电流；直流电压电流表 2 测量光伏控制器输出电压电流；交流电压电流表 1 测量交流负载用电，交流电压电流表 2 测量市电电压和电流，单向电能表测量并网逆变器输出电能，双向电能表测量市电导入与导出电能。

（2）电源控制要求。单轴光伏供电系统接入光伏控制器，由空气开关控制；蓄电池接入光伏控制器，由空气开关控制；离网逆变器的输入由空气开关控制；单轴光伏供电系统接入并网逆变器，由空气开关控制；交流市电的导入由空气开关控制。

3.5.2 分布式光伏工程离并网混合发电系统原理

1.分布式并离网混合发电系统组成

在家用分布式光伏发电系统中，当电网断电时，逆变器将停止工作。分布式并离网混合发电系统充分利用光伏发电，当市电电网断电时，将切换成离网发电系统继续为负载供电。该系统由离网交流系统和并网系统组成。当开关 1 处于 K1 的 1 处及开关 2 处于 K2 的 1 处，构成离网系统；当开关 1 处于 K1 的 2 处及开关 2 处于 K2 的 2 处，构成并网系统。如图 3-21 所示。

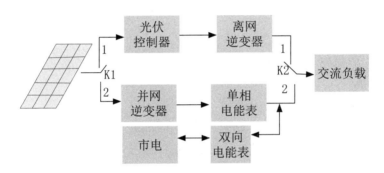

图 3-21 光伏工程交流系统结构

2.体系结构

分布式并离网混合发电系统图如图 3-22 所示。单轴光伏供电系统通过空气开关 1 连接到光伏控制器，蓄电池通过空气开关 2 连接到光伏控制器，光伏控制器通过空气开关 3 连接到离网逆变器，单轴光伏供电系统通过空气开关 4 连接到并网逆变器的输入端，市电通过空气开关 5 连接到隔离变压器。在混合并离网系统中，当 QF1、QF2、QF3 导通，且 QF4、QF5 截止实现的是离网光伏控制系统；当 QF1、QF2、QF3 截止，且 QF4、QF5 导通实现的是离网光伏控制系统。

直流电压电流表 1 实现单轴光伏供电系统输出电压电流测量；直流电压电流表 2 测量光伏控制器输出电压电流。交流电压电流表 1 实现市电电压电流测量；交流电压电流表 2 实现交流负载电压电流测量；单向电能表测量并网逆变器输出电能；双向电能表测量市电导入与导出电能。

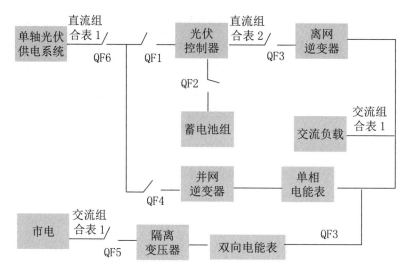

图 3-22　分布式并离网混合发电系统体系结构

3.5.3　任务操作步骤

1.需求工具

（1）钳形表，UT203，数量：1块；

（2）工具包，数量：1套；

（3）直流电压电流表，24 V供电，数量：2块；

（4）交流电压电流表，24 V供电，数量：1块；

（5）单相电能表，数量：1块；

（6）双向电能表，数量：1块；

（7）隔离变压器，1000 V A，数量：1只；

（8）并网逆变器，700 W，数量：1套；

（9）智能离网微逆变器系统，240 W，数量：1套；

（10）可调直流稳压电源，100 V/10 A/100 W，数量：1只；

（11）空气开关，16 A，数量：2个；

（12）开关按钮盘，数量：1个；

（13）开关电源，24 V，数量：1个。

（14）继电器，24 V，数量：1个。

（15）交流负载，数量：1个。

2.操作步骤

（1）离网系统搭建。

①根据光伏工程直流系统图，光伏阵列电源由可调直流稳压电源代替光伏电池电能。

可调直流稳压电源连接空气开关 6；空气开关 6 再通过直流电压电流表 1，出线置光伏控制器光伏组件输入端，如图 3-23 所示。注意电压测量并联，电流测量串联，电表电源线连接。

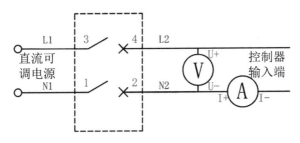

图 3-22　空气开关 1 连接

②将蓄电池（B AT）串联后接入空气开关 2，再从空气开关 2 出线至光伏控制器蓄电池输入端，如图 3-24 所示。

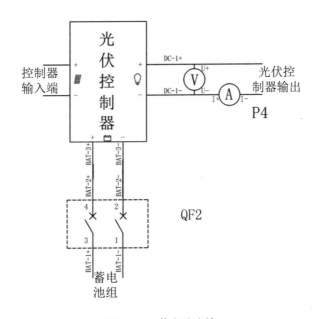

图 3-24　蓄电池连接

③光伏控制器输出端出线至直流电压电流表 2，直流电压电流表 2 出线至直流负载的红色灯光接线端，如图 3-24 所示。注意电压测量并联，电流测量串联，电表电源线连接。

④进行光伏控制器输出与空气开关 3 连接；可参考步骤①内容。

⑤进行光伏控制器输出与离网逆变器输入连接；完成逆变器工作电源的连接；完成逆变器工作控制开关连接，具体如图 3-25 所示。

⑥进行离网逆变器输出与交流负载连接；进行交流组合表 1 电压、电流测量端接线连接，具体如图 3-26 所示。注意电压测量并联，电流测量串联，电表电源线连接。

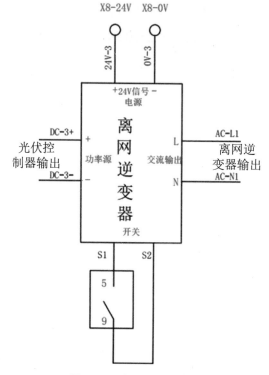

图 3-25　离网逆变器连接

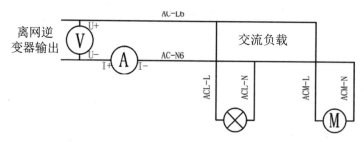

图 3-26　交流负载及交流组合表连接

（2）并网系统搭建。

①直流电压电流表 1 出线端接入空气开关 4，空气开关 4 出线至并网逆变器输入端。

②并网逆变器输出端连接单相电能表，单相电能表电源线连接，如图 3-27 所示。

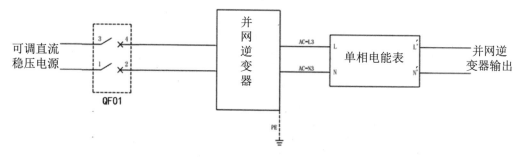

图 3-27　电表、逆变器连接

③单相电能表输出连接负载。如图 3-28 所示。

④市电通过交流组合表 1 与空气开关 5 连接，空气开关与隔离变压器连接，如图 3-29 所示。

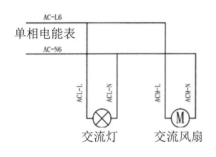

图 3-28 交流负载连接

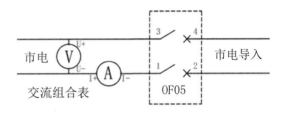

图 3-29 市电接入

⑤市电导入后，与隔离变压器连接；隔离变压器与双向电能表连接；双向电能表与电源连接；双向电能表与单相电能表连接，如图 3-30 所示。

图 3-30 隔离变压器与双向电能表连接

（3）完成离网逆变器、单相电能表、双向电能表、直流组合表、交流组合表的电源线连接。

（4）依次进行离网和并网测试，并记录数据。如表 3-8 所示。

表 3.8 数据测量表

QF1	QF2	QF3	QF4	QF5	直流组合表 1		直流组合表 2		交流组合表 1		交流组合表 2	
					电压 /V	电流 /A	电压 /V	电流 /A	电压 /V	电流 /A	电压 /V	电流 /A
通	通	通	断	断								
断	断	断	通	通								

第4章

分布式光伏工程逻辑控制实训

4.1 分布式光伏发电系统逻辑控制与测试

4.1.1 任务简介

1. 任务目的

（1）掌握分布式光伏发电系统的组成；

（2）掌握分布式光伏发电系统的安装与接线；

（3）掌握分布式光伏发电系统的测量方法；

（4）了解光伏组件的原理及工作原理；

（5）掌握光伏组件的连接与测试方法；

（6）掌握光伏组件串并联连接方式；

（7）掌握钳形表电压、电流测量方法；

（8）掌握分布式光伏发电系统 PLC 编程技术。

2. 任务要求

（1）按照任务要求完成组件串并联的连接；

（2）在室外光照下，使用钳形表测量光伏组件的开路电压、短路电流；

（3）在光伏单轴发电平台的日照模拟系统下，使用钳形表测量光伏组件的开路电压、短路电流；

（4）完成分布式光伏发电系统 PLC 编程设计。

3. 功能要求

（1）能正确使用光伏单轴发电平台，调整组件光照倾斜角；

（2）能使用钳形表测量光伏组件的工作电压、工作电流、开路电压、短路电流等电能状态；

（3）能使用钳形表测量不同倾斜角光伏组件的电能状态；

（4）能进行组件串并联，并测量组件方阵的电能状态；

（5）能使用 PLC 对继电器、接触器进行控制。通过按键 K1，控制单轴供电系统的到离网直流光伏系统的控制器的导入和断开。即在离网直流系统中，K1 按键按一次，光伏控制器输入电能导入；K1 再按一次，光伏控制器输入截止。

4.1.2　控制系统逻辑结构分析

本案例基于前述离网直流光伏控制器系统。在单轴光伏供电平台与光伏控制器输入端添加一个接触器 KM1；同时接触器的导入与导出由按键 1 和 PLC 控制。系统结构如图 4-1 所示。

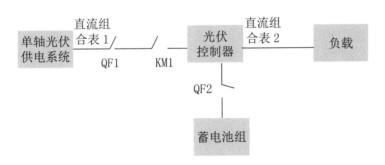

图 4-1　系统结构

当空气开关 QF1、QF2 闭合时，按键 1 有效 1 次，KM1 闭合，光伏电能导入；按键 1 再有效 1 次，KM1 断开，光伏电能截止导入，以此类推。

4.1.3　任务操作步骤

1．需求工具

（1）光伏组件，12 V/20 W，数量：4 块；

（2）钳形表，UT203，数量：1 块；

（3）工具包，数量：1 套；

（4）空气开关，16 A，数量：2 个；

（5）继电器，24 供电，数量：1 个；

（6）三菱 FX50-64MR-EPLC，数量：1 台。

2．操作步骤

（1）根据光伏工程直流系统图，将光伏组件两串两并后接入空气开关 1，再从空气开关 1 出线置直流电压电流表 1。直流电压电流表 1 出线至接触器 KM1；接触器连接至光伏控制器输入端，如图 4-2 所示。注意电压测量并联，电流测量串联。

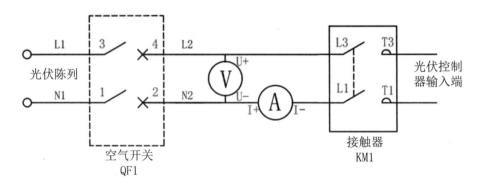

图 4-2　接触器连接

（2）将蓄电池（B AT）串联后接入空气开关 2，再从空气开关 2 出线置光伏控制器蓄电池输入端，如图 4-3 所示。

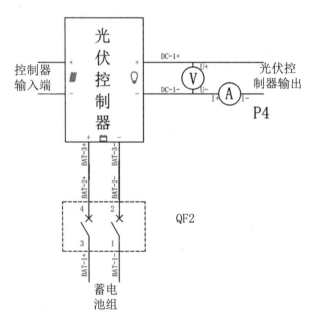

图 4-3　蓄电池连接

（3）光伏控制器输出端出线置直流电压电流表 2，直流电压电流表 2 出线置直流负载的红色灯光接线端，如图 4-3 所示。注意电压测量并联，电流测量串联。

（4）完成两块直流电压电流表的电源接线。

（5）完成直流负载连接。如图 4-4 所示。

（6）PLC 的输入端：将按钮盘的 COM 端接入 PLC 的 COM 端，K1 按钮接线到 PLC 的 X0 口。如图 4-5 所示。

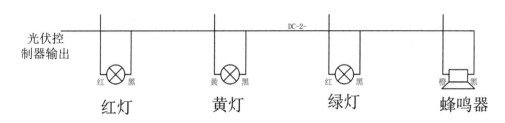

图 4-4 直流负载连接

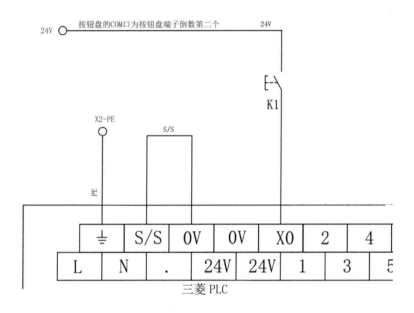

图 4-5 PLC 按键连接

（7）PLC 输出端：将继电器的线圈输入的 13.14 端接到 PLC 的输出端 0 V 和 Y0 端口，用来控制继电器的吸合或者是释放。

（8）PLC 的供电接线：将市电连接到 PLC 上的 L、N 端口。

（9）编写 PLC 程序。在离网直流系统中，K1（X0）按键按一次，光伏控制器输入电能导入（Y0）；K1 再按一次，光伏控制器输入截止（Y0）。如图 4-6 所示。

（10）连接计算机与 PLC 数据线；启动 PLC 电源，将 PLC 程序下载到 PLC 中。

（11）打开空气开关 1、空气开关 2，打开光伏单轴发电平台的日照模拟系统，让光伏组件正常发电，使用钳形表直接测量数值并记录。如表 4-1 所示。

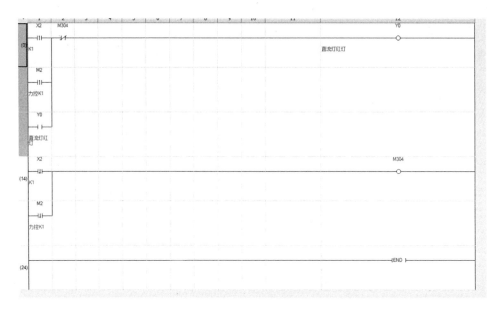

图 4-6　梯形图

表 4-1 数据测量表

序号	按键	直流组合表 1		直流组合表 2	
		电压 /V	电流 /A	电压 /V	电流 /A
1	第 1 次				
2	第 2 次				
3	第 3 次				

4.2　离网光伏工程直流逻辑控制系统

4.2.1　任务简介

1. 任务目的

（1）掌握离网光伏工程直流逻辑控制系统的组成；

（2）掌握离网光伏工程直流逻辑控制系统的安装与接线；

（3）掌握 PLC 对多个继电器的控制方法；

（4）掌握 PLC 控制技术及按钮控制继电器的方法；

（5）掌握离网光伏工程直流逻辑控制系统 PLC 编程技术。

2. 任务内容

（1）完成光伏组件接入直流电压电流表 1 后到光伏控制器逻辑控制线路的连接；

（2）完成光伏控制器到蓄电池充放电线路的逻辑控制线路连接；

（3）完成光伏控制器接入直流电压电流表 2 后到直流负载线路的逻辑控制线路连接；

（4）完成离网光伏工程直流逻辑控制系统 PLC 程序设计。

3. 功能需求

（1）现场数据采集要求。直流电压电流表 1 测量单轴供电系统输出电压和电流；直流电压电流表 2 测量光伏控制器总输出电压和电流。

（2）现场控制要求。单轴供电系统接入光伏控制器的导入与断开由空气开关控制，并受 KM1 接触器控制；电池与控制器的导入与断开由空气开关控制，并受 KM3 接触器控制；四种负载工作分别受 KA1、KA2、KA3、KA4 继电器控制。

（3）控制逻辑要求。按钮 1：按一次，KA1 吸合，再按一次 KA2 吸合、KA1 断开；再按一次，KA3 吸合、KA2 断开；再按一次，KA4 吸合、KA3 断开；再按一次，KA4 断开，并依次（循环）；按钮 8：按下 KM2 吸合，再按 KM2 断开，KM2 吸合时光伏控制器的组件输入得电，为蓄电池充电；按钮 9：按下 KM3 吸合，再按 KM3 断开，KM3 吸合时蓄电池接入，为光伏控制器供电、光伏控制器正常工作。

4.2.2 离网光伏工程直流逻辑控制

1. 光伏工程直流逻辑控制系统结构

光伏工程直流系统如图 4-7 所示。单轴光伏供电系统中光伏阵列和可调直流电源由接触器 KM1 选择控制；其输入到光伏控制器到输入端由接触器 MK2 控制；蓄电池与光伏控制器的连接受 KM3 接触器控制，各直流负载分别受继电器 KA1、KA2、KA3、KA4 控制。

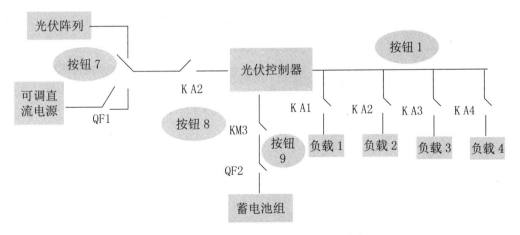

图 4-7　离网光伏工程直流逻辑控制系统

2．继电器

继电器（rel Ay）是一种电控制器件，是当输入量（激励量）的变化达到规定要求时，在电气输出电路中使被控量发生预定的阶跃变化的一种电器。它具有控制系统（又称输入回路）和被控制系统（又称输出回路）之间的互动关系。通常应用于自动化的控制电路中。它实际上是用小电流去控制大电流运作的一种"自动开关"，故在电路中起着自动调节、安全保护、转换电路等作用。

3．接触器

当接触器线圈通电后，线圈电流会产生磁场，接触器产生的磁场使静铁芯产生电磁吸力吸引动铁芯，并带动交流接触器点动作，常闭触点断开，常开触点闭合，两者是联动的。当线圈断电时，电磁吸力消失，衔铁在释放弹簧的作用下释放，使触点复原，常开触点断开，常闭触点闭合。

4．逻辑控制器说明

在离网光伏直流控制系统中，拟通过按键、PLC、继电器和接触器实现如下逻辑控制功能（表4-2），各按钮控制对象及要求如图4-7所示。

表4.2 离网光伏直流控制逻辑

按键号	功能
按钮1	按一次 K A1 吸合，再按一次 K A2 吸合、K A1 断开，再按一次 K A3 吸合、K A2 断开，再按一次 K A4 吸合、K A3 断开，再按一次 K A4 断开，并依次（循环）
按钮7	按下 KM1 吸合，再按 KM1 断开。KM1 吸合时可调直流稳压电源接入、KM1 断开时光伏单轴接入
按钮8	按下 KM2 吸合，再按 KM2 断开，KM2 吸合时光伏控制器的组件输入得电，为蓄电池充电
按钮9	按下 KM3 吸合，再按 KM3 断开，KM3 吸合时蓄电池接入，为光伏控制器供电、光伏控制器正常工作

4.2.3 任务操作步骤

1．需求工具

（1）光伏组件，12 V/20 W，数量：4块；

（2）钳形表，UT203，数量：1块；

（3）工具包，数量：1套；

（4）蓄电池，12 V，数量：2块；

（5）直流电压电流表，24 V供电，数量：2块；

（6）光伏控制器，12 V/24 V，数量：1 只；

（7）空气开关，16 A，数量：3 个；

（8）三菱 PLCFX5U-64MR/ES，数量：1 只；

（9）开关按钮盘，12 个开关，数量：1 个；

（10）继电器，24 供电，数量：1 个；

（11）接触器，24 V 供电，数量：2 个；

（12）直流灯，24 V 供电，数量：1 个。

2. 操作步骤

（1）光伏阵列（正、负极）分别与继电器 KM1 的 31NC、21NC 连接；可调电源通过空气开关与接触器 KM1 的 L3 和 L1 连接；接触器与直流组合表 1 进行电压、电流测量线路连接（电压测量并联，电流测量串联，电表电源线连接）；直流组合表 1 与接触器 KM2 连接，连接方式如图 4-8 所示。

（2）接触器 KM2 连接输入光伏控制器输入端；蓄电池组通过空气开关和接触器 KM3 连接到光伏控制器蓄电池输入端；光伏控制器输出端连接到直流组合表 2 进行电压、电流测量线路连接（电压测量并联，电流测量串联，电表电源线连接），如图 4-9 所示。

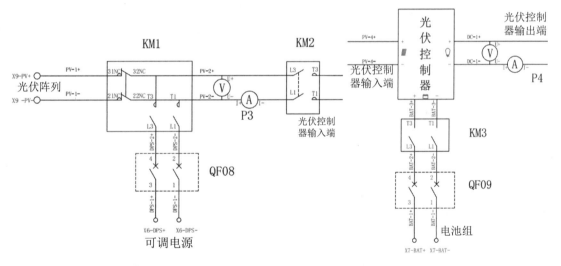

图 4-8　KM1 和 KM2 连接　　　　　图 4-9　光伏控制器连接

（3）红灯、黄灯、绿灯、蜂鸣器四种负载，分别与 K A1、K A2、K A3、K A4 继电器连接，并联在光伏控制器输出端，如图 4-10 所示。

（4）将市电分别连接 PLC 的 L、N 端口。PLC 的 24 V 接线端出线至开关按钮盘 COM 端，按键盘的按钮 1、按钮 7、按钮 8、按钮 9 分别与 PLC 的 X0、X6、X7、X10 连接（图 4-1）。

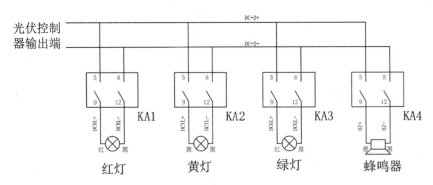

图 4-10 负载连接

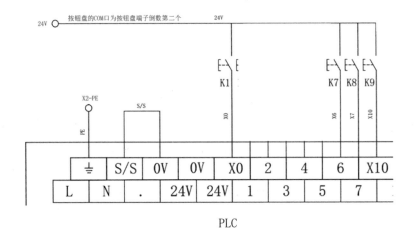

图 4.11 PLC 输入口连接

（5）PLC 的 Y0~Y3 接线端出线至继电器 KA1、KA2、KA3、KA4 的 13 端口；PLC 的 Y12、Y13、Y14、接线端出线至接触器 KM1、KM2、KM3；连接方法如图 4-12 所示。

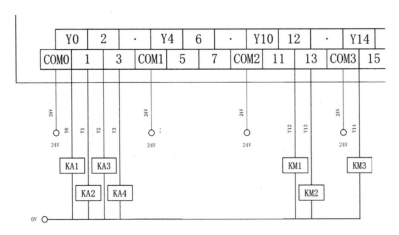

图 4-12   PLC 输出口连接

（6）编写 PLC 程序。程序逻辑功能如表 4-3 所示。

表 4-3　逻辑关系表

按键号	PLC	
按钮 1	X0	按一次，KA1 吸合，再按一次 KA2 吸合、KA1 断开，再按一次 KA3 吸合、KA2 断开，再按一次 KA4 吸合、KA3 断开，再按一次 KA4 断开，并依次（循环）
按钮 7	X6	按下 KM1 吸合，再按 KM1 断开。KM1 吸合时可调直流稳压电源接入、KM1 断开时光伏单轴接入
按钮 8	X7	按下 KM2 吸合，再按 KM2 断开，KM2 吸合时光伏控制器的组件输入得电，为蓄电池充电；
按钮 9	X10	按下 KM3 吸合，再按 KM3 断开，KM3 吸合时蓄电池接入，为光伏控制器供电、光伏控制器正常工作

继电器 / 接触器与 PLC 关系				
Y0	KA1		Y12	KM1
Y1	KA2		Y13	KM2
Y2	KA3		Y14	KM3
Y3	KA4			

程序梯形图如图 4-13 所示。

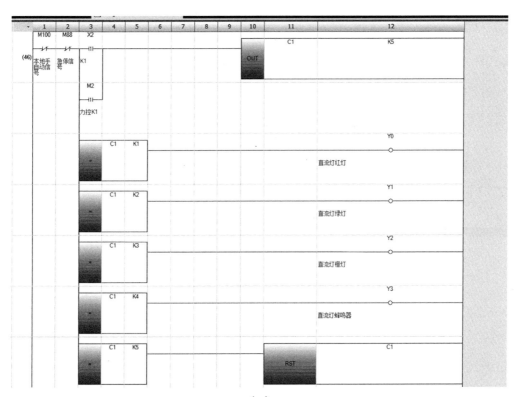

（a）

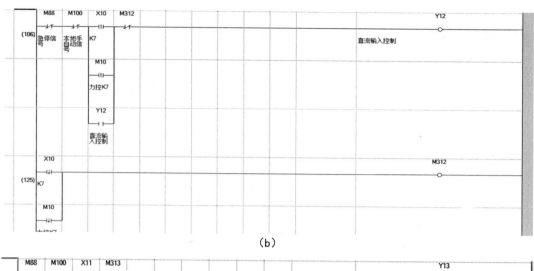

（b）

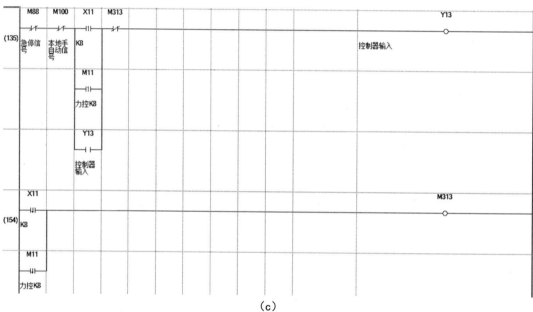

（c）

（7）连接计算机与 PLC 数据线；启动 PLC 电源，将 PLC 程序下载 PLC 中。

（8）调试系统，根据接触器和继电器状态组合，填写直流组合表（表4-4）测量数据。

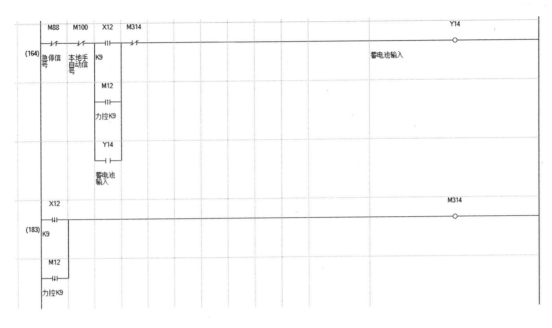

（d）

图 4-13 梯形图

表 4.4 数据测量表

接触器状态			继电器状态				直流组合表 1		直流组合表 2	
KM1	KM2	KM3	K A1	K A2	K A3	K A4	电压 /V	电流 /A	电压 /V	电流 /A

4.3 离网光伏工程交流逻辑控制系统

4.3.1 任务简介

1. 任务目的

（1）掌握离网光伏工程交流逻辑系统的组成；

（2）掌握离网光伏工程交流逻辑系统的安装与接线；

（3）掌握 PLC 控制技术及按钮控制继电器的方法；

（4）掌握 PLC 离网光伏工程交流逻辑系统编程技术。

2．任务内容

（1）完成光伏组件接入直流电压电流表后到光伏控制器逻辑控制线路的连接；

（2）完成光伏控制器到蓄电池充放电线路的逻辑控制连接；

（3）完成光伏控制器接入直流电压电流表后到智能离网微逆变系统线路的逻辑控制连接；

（4）完成智能离网微逆变系统到交流负载逻辑控制线路连接；

（5）完成离网光伏工程交流逻辑系统 PLC 编程设计；

（6）完成离网光伏工程交流逻辑系统 PLC 安装与按键、继电器控制线路连接。

3．功能要求

（1）现场数据采集要求。直流电压电流表 1 测量单轴供电系统输出电压和电流；直流电压电流表 2 测量光伏控制器总输出电压和电流；交流组合表 1 测量交流负载电压和电流。

（2）现场控制要求。单轴供电系统接入光伏控制器的导入与断开由空气开关控制，并受 KM1 接触器控制；电池与控制器的导入与断开由空气开关控制，并受 KM3 接触器控制；四种负载工作分别受 K A1、K A2、K A3、K A4 继电器控制；离网逆变器电能导入由接触器 KM5 控制；离网逆变器输出由继电器 K A7K 控制；交流灯工作由 K A8 和 K A9 控制。

（3）控制逻辑要求。在空气开关打开情况下，系统直流部分功能如下。

按钮 1：按一次，K A1 吸合，再按一次 K A2 吸合、K A1 断开，再按一次 K A3 吸合、K A2 断开，再按一次 K A4 吸合、K A3 断开，再按一次 K A4 断开，并依次（循环）。

按钮 8：按下 KM2 吸合，再按 KM2 断开，KM2 吸合时光伏控制器的组件输入得电，为蓄电池充电。

按钮 9：按下 KM3 吸合，再按 KM3 断开，KM3 吸合时蓄电池接入，为光伏控制器供电、光伏控制器正常工作。在按钮 1、按钮 8、按钮 9 有效下。

再按按钮 2，KM5 和 K A5 吸合，再按 KM5 和 K A5 断开，离网逆变器输入电能导入、离网逆变器工作电源导入；再按按钮 4，K A7 吸合，再按 K A 断开，离网逆变器输出导通，到交流负载端。

再按按钮 5 和按钮 6，分别吸合 K A8 和 K A9，再按断开，实现交流灯负载和交流风扇负载等工作与断开。

4.3.2　分布式光伏工程交流系统逻辑控制

1．体系结构图

光伏工程交流系统图如图 4-14 所示。光伏单轴供电系统通过接触器 KM1、KM2 连接到光伏控制器的输入端；蓄电池通过空气开关 QF06、接触器 KM3 连接到光伏控制器蓄电池输入端；光伏控制器输出端通过接触器 KM5 直接与离网逆变器；离网逆变器通过继电器 K A7 输出到交流负载端；"交流灯"和"交流风扇"分别由继电器 K A8 和 K A9 控制。直流电压电流表 1 测量单轴光伏供电电源的电量；直流电压电流表 2 测量光伏控制器输出的直流电量；交流电压电流表 1 测量逆变器输出电能。

在图 4-14 中，KM5 接触器同时要控制离网逆变器输入电能导入、离网逆变器工作电源导入（工作电源）和离网逆变器工作启动（启动开关信号）等。

2．逻辑功能说明

在离网光伏交流控制系统中，拟通过按键、PLC、继电器和接触器实现如下逻辑控制功能（表 4-5）。

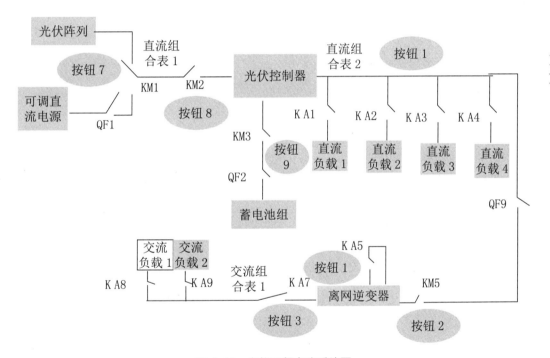

图 4-14　光伏工程交流系统图

表 4-5　离网光伏直流控制逻辑

按键号	功能
按钮 1	按一次，K A1 吸合，再按一次 K A2 吸合、K A1 断开，再按一次 K A3 吸合、K A2 断开，再按一次 K A4 吸合、K A3 断开，再按一次 K A4 断开，并依次（循环）
按钮 2	按下 KM5 和 K A5 吸合，离网逆变器输入电能导入、离网逆变器工作电源导入、离网逆变器工作启动；再按 KM5 和 K A5 断开
按钮 3	按下 K A7 吸合，离网逆变器输出导通，到交流负载端
按钮 5	按一次，K A8 吸合，交流灯工作；再按 KM8 断开

续表

按键号	功能
按钮 6	按一次，K A9 吸合，交流风扇工作；再按 KM9 断开
按钮 7	按下 KM1 吸合，再按 KM1 断开。KM1 吸合时可调直流稳压电源接入、KM1 断开时光伏单轴接入
按钮 8	按下 KM2 吸合，再按 KM2 断开，KM2 吸合时光伏控制器的组件输入得电，为蓄电池充电
按钮 9	按下 KM3 吸合，再按 KM3 断开，KM3 吸合时蓄电池接入，为光伏控制器供电、光伏控制器正常工作

4.3.3 任务操作步骤

1. 需求工具

（1）钳形表，UT203，数量：1 块；

（2）工具包，数量：1 套；

（3）直流电压电流表，24 V 供电，数量：2 块；

（4）交流电压电流表，24 V 供电，数量：1 块；

（5）智能离网微逆变器系统，240 W，数量：1 套；

（6）空气开关，16 A，数量：3 个；

（7）开关按钮盘，数量：1 个；

（8）开关电源，24 V，数量：1 个；

（9）继电器，24 V，数量：2 个；

（10）接触器，24 V，数量：2 个；

（11）光伏组件，12 V/20 W，数量：4 块；

（12）光伏控制器，12 V/24 V，数量：1 只；

（13）三菱 FX50-64MR-EPLC，数量：一台；

（14）交流投射灯，220 V，数量：1 只。

2. 操作步骤

（1）光伏阵列（正、负极）分别与继电器 KM1 的 31NC、21NC 连接；可调电源通过空气开关与接触器 KM1 的 L3 和 L1 连接；接触器与直流组合表 1 进行电压、电流测量线路连接（电压测量并联，电流测量串联，电表电源线连接）；直流组合表 1 与接触器 KM2 连接，连接方式如图 4-15 所示。

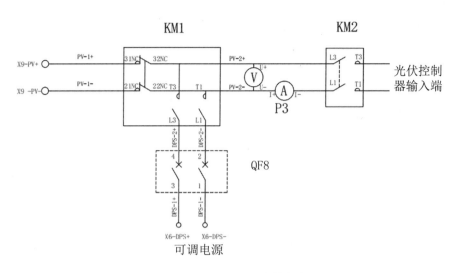

图 4-15　KM1 和 KM2 连接方式

（2）接触器 KM2 连接输入光伏控制器输入端；蓄电池组通过空气开关和接触器 KM3 连接到光伏控制器蓄电池输入端；光伏控制器输出端连接到直流组合表 2 进行电压、电流测量线路连接（电压测量并联、电流测量串联、电表电源线连接），如图 4-16 所示。

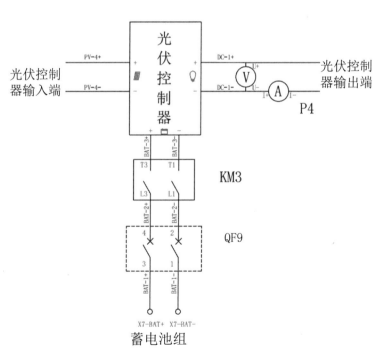

图 4-16　光伏控制器连接

（3）红灯、黄灯、绿灯、蜂鸣器四种负载，分别与 K A1、K A2、K A3、K A4 继电器连接，并联在光伏控制器输出端，如图 4-17 所示。

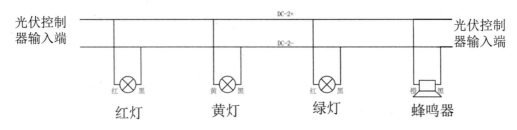

图 4-17　负载连接

（4）光伏控制器输出连接到接触器 KM5，并通过接触器输入到离网逆变器输入端；同时 24 电源通过接触器 KM5 与离网逆变器电源端连接；逆变器启动按键（信号）通过继电器 KA5 连接；逆变器输出端通过空气开关 9 和继电器 KA7 输出；如图 4-18 所示。

（5）通过继电器 KA7 输出与交流组合表 1 进行电压、电流测量线路连接；交流组合表 1 输出分别与继电器 KA8、KA9 连接；继电器 KA8、KA9 输出与交流灯和交流风扇连接；如图 4-19 所示。

（6）将市电分别到 PLC 的 L、N 端口。PLC 的 24V 接线端出线至开关按钮盘 COM 端，按键盘的按钮 1、按钮 2、按钮 4、按钮 5、按钮 6、按钮 7、按钮 8、按钮 9 分别与 PLC 的 X0、X1、X3、X5、X6、X7、X10 连接。如图 4-20 所示。

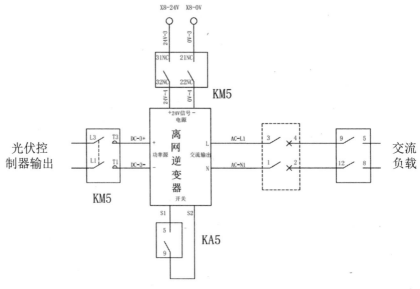

图 4-18　离网逆变器连接

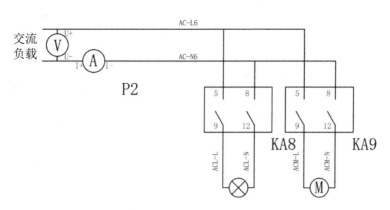

图 4-19　交流组合表及交流负载连接

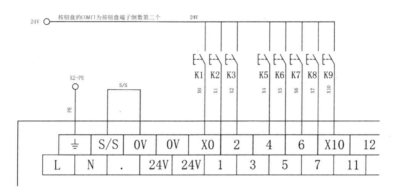

图 4-20　PLC　输入口

（7）PLC 的 Y0~Y3 接线端出线至继电器 K A1、K A2、K A3、K A4 的 13 端口；PLC 的 Y12、Y13、Y14 接线端出线至接触器 KM1、KM2、KM3 ；连接方法如图 4-21 所示。

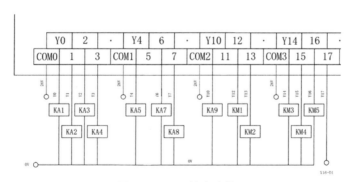

图 4-21　PLC 输出连接

（8）编写 PLC 程序。程序逻辑功能如表 4-6 所示。

表 4-6　程序逻辑关系表

按键号	功能
按钮 1	按一次，K A1 吸合，再按一次 K A2 吸合、K A1 断开，再按一次 K A3 吸合、K A2 断开，再按一次 K A4 吸合、K A3 断开，再按一次 K A4 断开，并依次（循环）

按钮 2	按下 KM5 和 K A5 吸合，离网逆变器输入电能导入、离网逆变器工作电源导入、离网逆变器工作启动；再按 KM5 和 K A5 断开
按钮 3	按下 K A7 吸合，离网逆变器输出导通，到交流负载端
按钮 5	按一次，K A8 吸合，交流灯工作；再按 KM8 断开
按钮 6	按一次，K A9 吸合，交流风扇工作；再按 KM9 断开
按钮 7	按下 KM1 吸合，再按 KM1 断开。KM1 吸合时可调直流稳压电源接入、KM1 断开时光伏单轴接入
按钮 8	按下 KM2 吸合，再按 KM2 断开，KM2 吸合时光伏控制器的组件输入得电，为蓄电池充电
按钮 9	按下 KM3 吸合，再按 KM3 断开，KM3 吸合时蓄电池接入，为光伏控制器供电、光伏控制器正常工作

继电器 / 接触器与 PLC 关系

Y0	K A1	Y12	KM1
Y1	K A2	Y13	KM2
Y2	K A3	Y14	KM3
Y3	K A4	Y16	KM5
Y4	K A5	Y7	K A8
Y6	K A7	Y10	K A9

程序梯形图如图 4-22 所示。

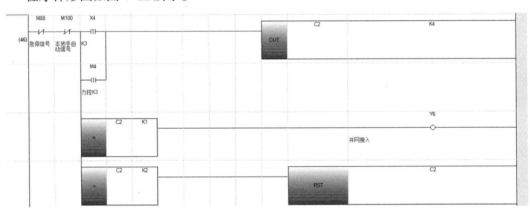

（A）

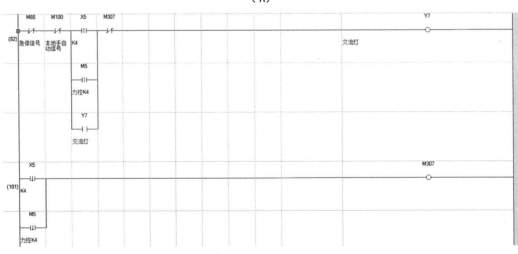

（b）

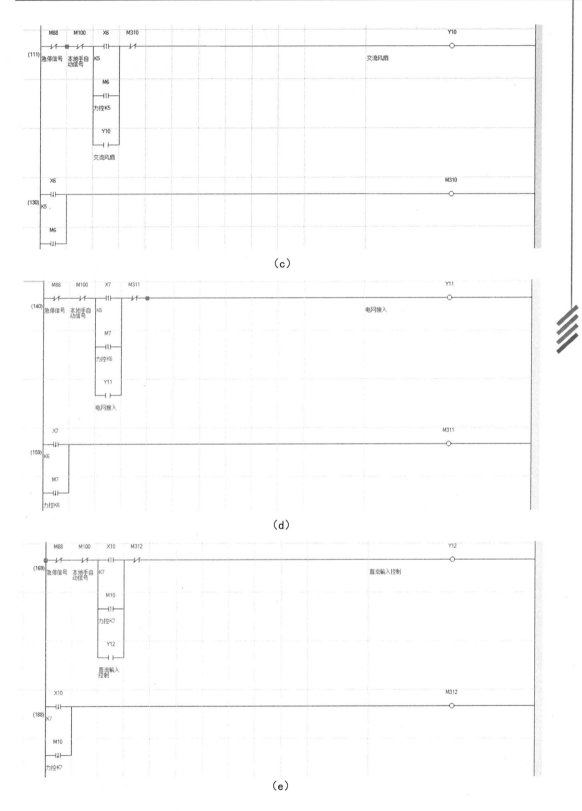

（c）

（d）

（e）

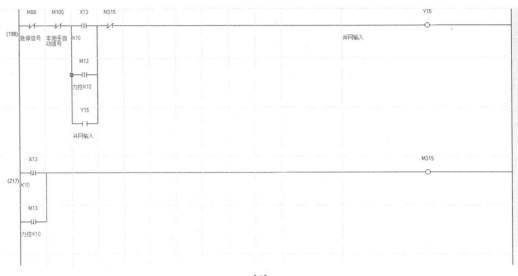

（f）

图 4-22　梯形图

（7）连接计算机与 PLC 数据线；启动 PLC 电源，将 PLC 程序下载到 PLC 中。

（8）调试系统，根据接触器和继电器状态组合，填写直流组合表测量数据（表 4-7）。

表 4-7　数据测量表

接触器状态				继电器状态							表 1		表 2	
KM1	KM2	KM3	KM5	K A1	K A2	K A3	K A4	K A7	K A8	K A9	V/V	I/A	V/V	I/A

4.4　并网光伏工程逻辑控制系统

4.4.1　任务简介

1. 任务目的

（1）掌握并网光伏工程逻辑控制系统的组成；

（2）掌握并网光伏工程逻辑控制系统的安装与接线；

（3）掌握并网光伏工程逻辑控制系统的运行原理；

（4）掌握并网光伏工程逻辑控制系统 PLC 编程技术；

（5）掌握 PLC 控制技术及按钮控制继电器的方法；

（6）掌握单轴光伏供电系统控制方法。

2．任务要求

（1）完成光伏组件接入直流电压电流表后到光伏控制器逻辑控制线路的连接；

（2）完成光伏控制器到蓄电池充放电线路的逻辑控制连接；

（3）完成光伏控制器接入直流电压电流表后到并网逆变器线路的逻辑控制连接；

（4）完成并网逆变器到交流负载逻辑控制线路连接；

（5）完成并网光伏工程逻辑控制系统 PLC 编程设计；

（6）完成并网光伏工程逻辑控制系统 PLC 安装与按键、继电器控制线路连接；

（7）完成按钮盘独立控制效果；

（8）完成并网系统的运行调试。

3．功能要求

（1）电表测量要求。直流电压电流表 1 测量光伏组件输出电压和电流，交流电压电流表 1 测量交流负载用电，交流电压电流表 2 测量总市电的交流电压和电流，单向电能表测量并网逆变器输出电能，双向电能表测量市电导入与导出。

（2）电源控制要求。单轴光伏供电系统接入并网逆变器由空气开关控制，并网逆变器与交流负载的导入与断开由空气开关控制，交流市电的导入由空气开关控制。

（3）现场控制要求。独立控制各交流负载工作；独立控制单轴光伏供电系统与并网逆变器的连接与断开，同时控制与并网逆变器与市电的连接；独立控制市电的导入与导出。

4.4.2　分布式光伏发电并网系统逻辑控制

1．体系结构

光伏工程并网系统如图 4-23 所示。单轴光伏供电系统通过空气开关 2 连接到并网逆变器的输入端；并网逆变器输出通过单向电能表连接到交流负载，同时市电通过双向电能表与并网逆变器进行连接。当光伏工程并网系统工作时（注：此时光伏组件电能较少由直流稳压电源代替），光伏直流电能通过并网逆变器产生交流电能，为交流负载提供电能；当光伏发电不足时，由市电进行补充；当光伏发电电能较足时，光伏发电将通过双向电能表流向市电。

2．逻辑功能说明

在分布式并网系统中，拟通过按键、PLC、继电器和接触器实现如下逻辑控制功能（表 4-8）。

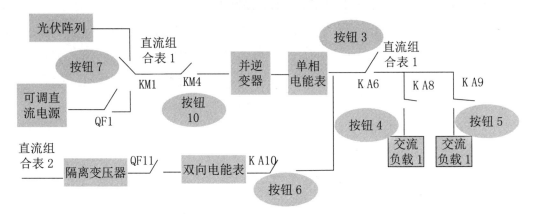

图 4-23　光伏工程并网逻辑控制系统

表 4.8　分布式并网光伏系统控制逻辑

按键号	功能
按钮 3	按下 K A6 吸合，再按 K A6 断开，吸合表示与交流负载导通
按钮 4	按一次，K A8 吸合，交流灯工作；再按 KM8 断开
按钮 5	按一次，K A9 吸合，交流风扇工作；再按 KM9 断开
按钮 6	按一次 K A10 吸合，与市电导通，再按 KM10 断开
按钮 7	按下 KM1 吸合，再按 KM1 吸合时可调直流稳压电源接入、KM1 断开时光伏单轴接入
按钮 10	按下 KM4 吸合，再按 KM4 断开。KM4 吸合时并网逆变器输入接通

4.4.3　任务操作步骤

1. 需求工具

（1）钳形表，UT203，数量：1 块；

（2）工具包，数量：1 套；

（3）继电器，24 V，数量：1 个；

（4）接触器，24 V，数量：1 个；

（5）单相电能表，数量：1 块；

（6）隔离变压器，1000 V A，数量：1 只；

（7）并网逆变器，700 W，数量：1 套；

（8）可调直流稳压电源，100 V/10 A/100 W，数量：1 只；

（9）空气开关，16 A，数量：3 个；

（10）开关按钮盘，数量：1 个；

（11）三菱 FX50-64MR-EPLC，数量：1 台。

2．操作步骤

（1）在单轴光伏供电系统中，为并网逆变器提供输入直流电能，完成光伏阵列与可调直流稳压电源和接触器 KM1 的连接；接触器 KM1 输出与直流组合表 1 进行电压、电流测量线路连接；直流组合表 1 输出与接触器 KM4 连接；注意电压测量并联，电流测量串联，电表电源线连接。如图 4-24 所示。

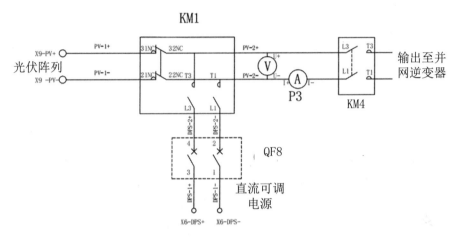

图 4-24　单轴供电系统连接

（2）接触器 KM4 输出与并网逆变器输入端连接；并网逆变器与单相电能表进行连接；单相电能表电源线连接，如图 4-25 所示。

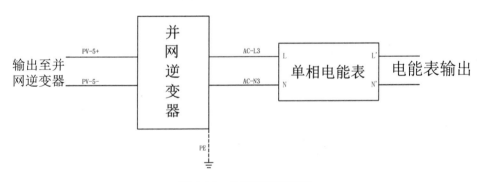

图 4-25　并网逆变器连接

（3）单相电能表输出连接至继电器 KA6；继电器 KA6 再与交流组合表 1 进行电压电流测量线路连接；交流组合表 1 输出通过继电器 KA8 和 KA9 分别与交流灯、交流风扇连接。如图 4-26 所示。

（4）同时单相电能表输出与继电器 KA10 连接，继电器 KA10 与双向电能表输出端连接，双向电能表输入与空气开关 QF11 连接，如图 4-27 所示。

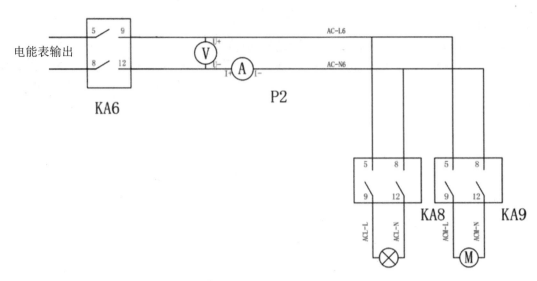

图 4-26　交流负载连接

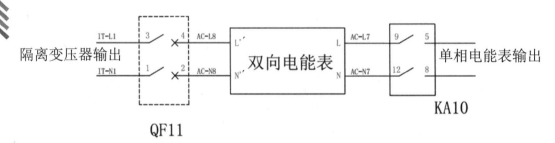

图 4-27　市电接入

（5）空气开关 QF11 与隔离变压器输出端连接，总市电电源与交流组合表 2 进行电压电流测量线路连接，交流组合表 2 输出与隔离变压器输入端连接，如图 4-28 所示。

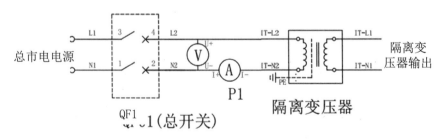

图 4-28　隔离变压器与双向电能表连接

（6）将市电分别连接到 PLC 的 L、N 端口。PLC 的 24 V 接线端出线至开关按钮盘 COM 端，按键盘的按钮 3、按钮 5、按钮 6、按钮 7、按钮 10 分别与 PLC 的 X2、X4、X5、X6、X11 连接。如图 4-29 所示。

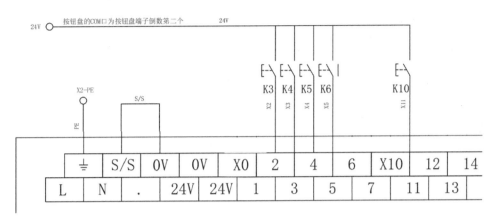

图 4-30 PLC 输入端连接

（7）PLC 的 Y5、Y7、Y10、Y11 接线端出线至继电器 KA6、KA8、KA9、KA10 的 13 端口；PLC 的 Y12、Y15 接线端出线至接触器 KM1、KM4；连接方法如图 4-30 所示。

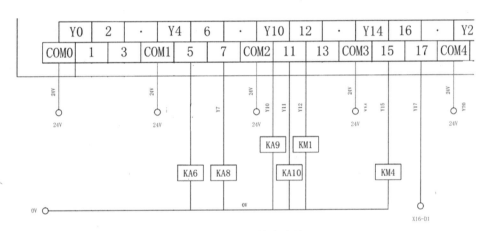

图 4-30 PLC 输出连接

（8）编写 PLC 程方法序。程序逻辑功能如表 4-9 所示。

表 4.9　逻辑关系表

按键号	功能
按钮 3	按下 KA6 吸合，再按 KA6 断开，吸合表示与交流负载导通
按钮 4	按一次，KA8 吸合，交流灯工作；再按 KM8 断开
按钮 5	按一次，KA9 吸合，交流风扇工作；再按 KM9 断开
按钮 6	按一次，KA10 吸合，与市电导通。再按 KM10 断开
按钮 7	按下 KM1 吸合，再按 KM1 断开。KM1 吸合时可调直流稳压电源接入、KM1 断开时光伏单轴接入
按钮 10	按下 KM4 吸合，再按 KM4 断开。KM4 吸合时并网逆变器输入接通
继电器 / 接触器与 PLC 关系	
Y5　　KA6	Y12　　KM1
Y7　　KA8	Y15　　KM4
Y10　　KA9	
Y11　　KA10	

程序梯形图如图 4-31 所示。

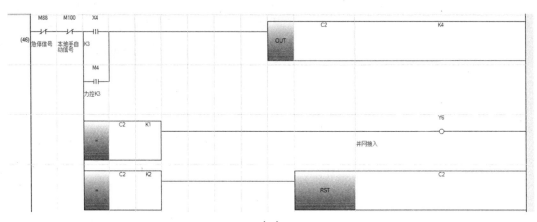

（A）

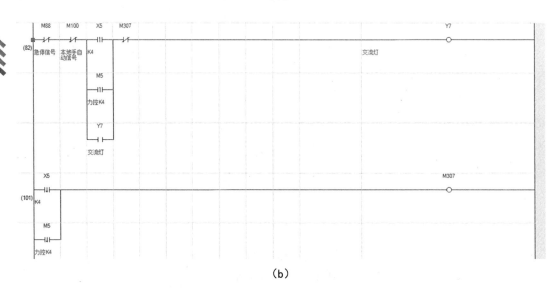

（b）

（c）

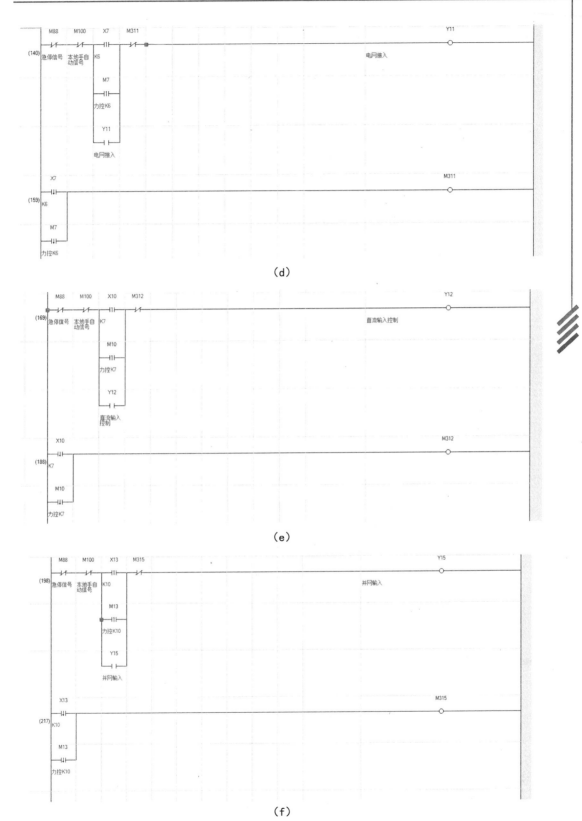

图 4-31 梯形图

（9）连接计算机与 PLC 数据线；启动 PLC 电源，将 PLC 程序下载 PLC 中。

（10）调试系统，根据接触器和继电器状态组合，填写直流组合表测量数据，如表 4-10 所示。

表 4.10　数据测量表

接触器状态		继电器状态				直流表		交流表 1		交流表 2	
KM1	KM4	K A6	K A8	K A9	K A10	V /V	I /A	V /V	I /A	V /V	I /A

4.5　分布式光伏离并网混合逻辑控制系统连接与测试

4.5.1　任务简介

1．任务目的

（1）掌握分布式光伏离并网混合逻辑控制系统的组成；

（2）掌握分布式光伏离并网混合逻辑控制系统的安装与接线；

（3）了解并网光伏工程逻辑控制系统的控制及原理；

（4）了解离网光伏工程交流逻辑系统的控制及原理；

（5）了解可编程逻辑控制器的控制原理，并熟练编程；

（6）掌握 PLC 控制技术及按钮控制继电器的方法；

（7）掌握单轴光伏供电系统控制方法；

（8）掌握分布式光伏离并网混合逻辑控制系统 PLC 编程技术。

2．任务要求

（1）完成光伏组件接入直流电压电流表 1 后到光伏控制器逻辑控制线路的连接；

（2）完成光伏控制器到蓄电池充放电线路的逻辑控制连接；

（3）完成光伏控制器接入直流电压电流表 2 后到智能离网微逆变系统线路的逻辑控制连接；

（4）完成智能离网微逆变系统到交流负载逻辑控制线路连接；

（5）完成分布式光伏离并网混合逻辑控制系统 PLC 编程设计；

（6）完成分布式光伏离并网混合逻辑控制系统 PLC 安装与按键、继电器控制线路连接；

（7）完成单轴光伏供电系统 PLC 控制及编程设计；

（8）完成本地按钮独立控制效果；

（9）完成并网光伏工程逻辑控制系统的运行调试；

（10）完成离网光伏工程交流逻辑系统的运行调试；

（11）完成离并网的手自动切换工作模式。

3．功能要求

（1）电表测量要求。直流电压电流表 1 测量光伏组件输出电压和电流；交流电压电流表 1 测量交流负载用电；单向电能表测量并网逆变器输出电能；双向电能表测量市电导入与导出。

（2）电源控制要求。单轴光伏供电系统接入并网逆变器由空气开关控制；并网逆变器与交流负载的导入和断开由空气开关控制；交流市电的导入由空气开关控制；智能离网微逆变系统和并网系统切换由双向开关控制。

（3）现场控制要求。独立控制各交流负载工作，独立控制单轴光伏供电系统与并网逆变器的连接与断开，独立控制市电的导入与导出，独立控制并网运行和离网运行的切换。

4.5.2　分布式光伏发电离并网系统逻辑控制

分布式并离网混合发电系统如图 4-32 所示。单轴光伏供电系统通过空气开关 1 连接到并网逆变器的输入端；单轴光伏供电系统通过空气开关 1 连接到光伏控制器的输入端；蓄电池通过空气开关 2 连接到光伏控制器输入端；光伏控制器通输出端直接与逆变器功率源输入端连接；逆变器输出连接到"交流灯"和"交流风扇"灯交流负载上。

并网逆变器输出通过单向电能表连接到交流负载上，同时市电通过双向电能表与并网逆变器进行连接。当光伏工程并网系统工作时（注：此时光伏组件电能较少由直流稳压电源代替），光伏直流电能通过并网逆变器产生交流电能，为交流负载提供电能。

当光伏并网逆变器发电不足时，由市电进行补充；当光伏发电电能较足时，光伏发电将通过双向电能表流向市电。当市电故障时，离网逆变器启动，继续为负载供电。

在分布式并离网混合系统控制系统中，拟通过按键、PLC、继电器和接触器实现如下逻辑控制功能（表 4-11）。

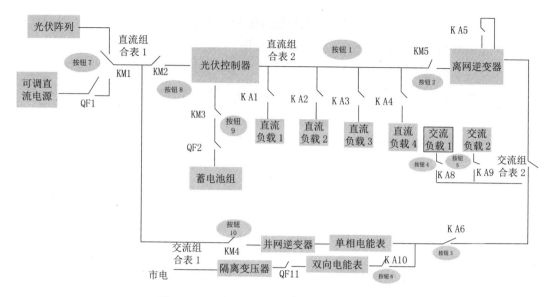

图 4-32 分布式并离网混合发电系统体系结构

表 4.11 并离网混合光伏系统控制逻辑

按键号	功能
按钮 1	按一次，K A1 吸合，再按一次 K A2 吸合、K A1 断开，再按一次 K A3 吸合、K A2 断开，再按一次 K A4 吸合、K A3 断开，再按一次 K A4 断开（循环）
按钮 2	离网供电开关打开、离网输入接入；K A5 和 KM5 吸合，再按一次断开
按钮 3	并/离网切换，按键按 1 次，K A6 吸合，K A7 断开，为分布式并网光伏系统；再按一次，K A7 吸合，K A6 断开为离网光伏系统
按钮 4	按下 K A8 吸合，再按 K A8 断开
按钮 5	按下 K A9 吸合，再按 K A9 断开
按钮 6	按下 K A10 吸合，再按 K A10 断开。K A10 吸合时，并网线路市电接入
按钮 7	按下 KM1 吸合，再按 KM1 断开。KM1 吸合时可调直流稳压电源接入、KM1 断开时光伏单轴接入
按钮 8	按下 KM2 吸合，再按 KM2 断开。KM2 吸合时光伏控制器的组件输入得电，为蓄电池充电
按钮 9	按下 KM3 吸合，再按 KM3 断开。KM3 吸合时蓄电池接入，为光伏控制器供电、光伏控制器正常工作
按钮 10	按下 KM4 吸合，再按 KM4 断开。KM4 吸合时并网逆变器输入接通

4.5.3 任务操作步骤

1. 需求工具

（1）钳形表，UT203，数量：1 块；

（2）工具包，数量：1 套；

（3）直流电压电流表，24 V 供电，数量：2 块；

（4）交流电压电流表，24 V 供电，数量：1 块；

（5）单相电能表，数量：1 块；

（6）双向电能表，数量：1 块；

（7）隔离变压器，1000 V A，数量：1 只；

（8）并网逆变器，700 W，数量：1 套；

（9）智能离网微逆变器系统，240 W，数量：1 套；

（10）可调直流稳压电源，100 V/10 A/100 W，数量：1 只；

（11）空气开关，16 A，数量：6 个；

（12）开关按钮盘，数量：1 个；

（13）开关电源，24 V，数量：1 个；

（14）继电器，24 V，数量：5 个；

（15）接触器，24 V，数量：3 个；

（15）三菱 FX50-64MR-EPLC，数量：1 台；

（16）直流灯，24 V，数量：1 只；

（17）交流投射灯，220 V，数量：1 只。

2．操作步骤

（1）光伏阵列（正、负极）分别与继电器 KM1 的 31NC、21NC 连接；可调电源通过空气开关与接触器 KM1 的 L3 和 L1 连接；接触器与直流组合表 1 进行电压、电流测量线路连接（电压测量并联，电流测量串联，电表电源线连接）；直流组合表 1 与接触器 KM2 连接，连接方式如图 4-33 所示。

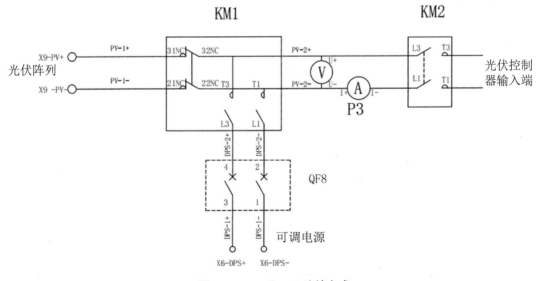

图 4-33　KM1 和 KM2 连接方式

（2）接触器 KM2 连接输入光伏控制器输入端；蓄电池组通过空气开关和接触器 KM3 连接到光伏控制器蓄电池输入端；光伏控制器输出端连接到直流组合表 2 进行电压、电流测量线路连接（电压测量并联，电流测量串联，电表电源线连接），如图 4-34 所示。

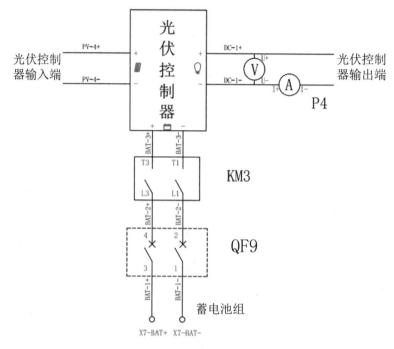

图 4-34　光伏控制器连接

（3）红灯、黄灯、绿灯、蜂鸣器四种负载，分别与 KA1、KA2、KA3、KA4 继电器连接，并联在光伏控制器输出端，如图 4-35 所示。

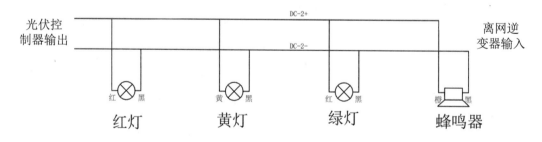

图 4.35　负载连接

（4）光伏控制器输出连接到接触器 KM5，并通过接触器输入到离网逆变器输入端；同时 24 V 电源通过接触器 KM5 与离网逆变器电源端连接；逆变器启动按键（信号）通过继电器 KA5 连接；逆变器输出端通过空气开关 9 和继电器 KA7 输出；如图 4-36 所示。

（5）通过继电器 KA7 输出与交流组合表 1 进行电压、电流测量线路连接，交流组合表 1 输出分别与继电器 KA8、KA9 连接，继电器 KA8、KA9 输出与交流灯和交流风扇连接；如图 4-37 所示。

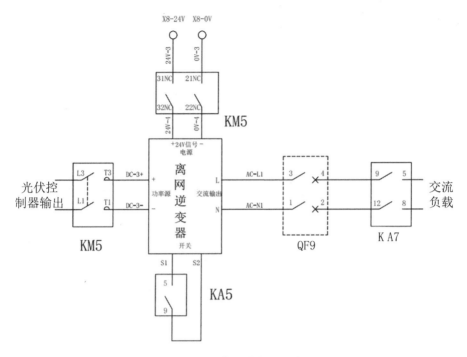

图 4-36　离网逆变器连接

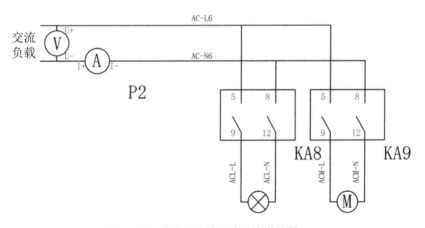

图 4-37　交流组合表及交流负载连接

（6）直流组合表 1 输出与接触器 KM4 连接；注意电压测量并联，电流测量串联，电表电源线连接。如图 4-38 所示。

（7）接触器 KM4 输出与并网逆变器输入端连接，并网逆变器与单相电能表进行连接，单相电能表电源线连接，如图 4-39 所示。

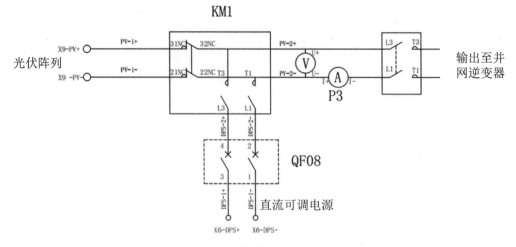

图 4-38　单轴供电系统连接

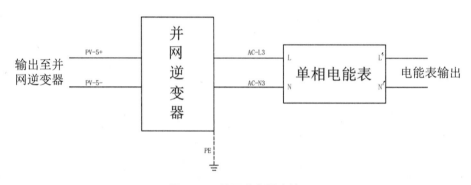

图 4-39　并网逆变器连接

（8）单相电能表输出连接至继电器 KA6，继电器 KA6 与交流组合表 1 进行电压电流测量线路连接，交流组合表 1 输出通过继电器 KA8 和 KA9 分别与交流灯、交流风扇连接。如图 4-40 所示。

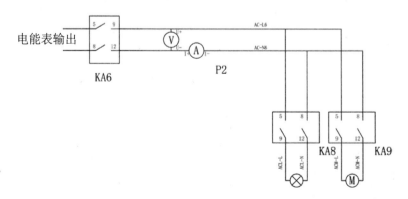

图 4-40　交流负载连接

（9）单相电能表输出与继电器 KA10 连接，继电器 KA10 与双向电能表输出端连接，双向电能表输入与空气开关 QF11 连接（图 4-41）。

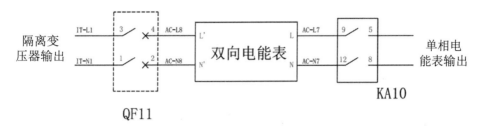

图 4-41　市电接入

（10）空气开关 QF11 与隔离变压器输出端连接，总市电电源与交流组合表 2 进行电压电流测量线路连接，交流组合表 2 输出与隔离变压器输入端连接。如图 4-42 所示。

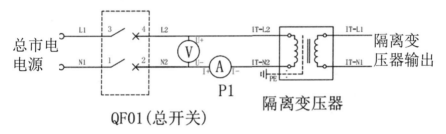

图 4-42　隔离变压器与双向电能表连接

（11）将市电分别连接到 PLC 的 L、N 端口。PLC 的 24 V 接线端出线至开关按钮盘 COM 端，按键盘的按钮 1、按钮 2、按钮 3、按钮 4、按钮 5、按钮 6、按钮 7、按钮 8、按钮 9、按钮 10 分别与 PLC 的 X0、X1、X2、X3、X4、X5、X6、X7、X10、X11、X12、X13 连接。如图 4-43 所示。

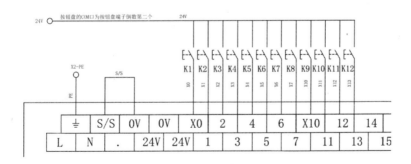

图 4-43　PLC 输入端连接

（7）PLC 的 Y0、Y1、Y2、Y3、Y4、Y5、Y6、Y7、Y10、Y11 接线端出线至继电器 KA1、KA2、KA3、KA4、KA5、KA6、KA7、KA8、KA9、KA10 的 13 端口；PLC 的 Y12、Y13、Y14、Y15、Y16 接线端出线至接触器 KM1、KM2、KM3、KM4、KM5，连接方法如图 4-44 所示。

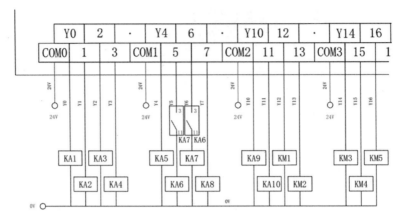

图 4-45　PLC　输出连接

（6）编写 PLC 程序。程序逻辑功能如表 4-12 所示。

表 4-12 逻辑关系表

按键号	功能
按钮 1	按一次，KA1 吸合，再按一次 KA2 吸合、KA1 断开，再按一次 KA3 吸合、KA2 断开，再按一次 KA4 吸合、KA3 断开，再按一次 KA4 断开（循环）
按钮 2	离网供电开关打开、离网输入接入；KA5 和 KM5 吸合，再按一次两个断开
按钮 3	并 / 离网切换，按键按 1 次，KA6 吸合，KA7 断开，为分布式并网光伏系统；再按一次，KA7 吸合，KA6 断开为离网光伏系统
按钮 4	按下 KA8 吸合，再按 KA8 断开
按钮 5	按下 KA9 吸合，再按 KA9 断开
按钮 6	按下 KA10 吸合，再按 KA10 断开。KA10 吸合时，并网线路市电接入
按钮 7	按下 KM1 吸合，再按 KM1 断开。KM1 吸合时可调直流稳压电源接入、KM1 断开时光伏单轴接入
按钮 8	按下 KM2 吸合，再按 KM2 断开。KM2 吸合时光伏控制器的组件输入得电，为蓄电池充电
按钮 9	按下 KM3 吸合，再按 KM3 断开。KM3 吸合时蓄电池接入，为光伏控制器供电、光伏控制器正常工作
按钮 10	按下 KM4 吸合，再按 KM4 断开。KM4 吸合时并网逆变器输入接通

PLC、按键逻辑关系				
Y0	KA1		Y10	KA9
Y1	KA2		Y11	KA10
Y2	KA3		Y12	KA1
Y3	KA4		Y13	KA2
Y4	KA5		Y14	KA3
Y5	KA6		Y15	KA4
Y6	KA7		Y16	KA5
Y7	KA8			

程序梯形图如图 4-45 所示。

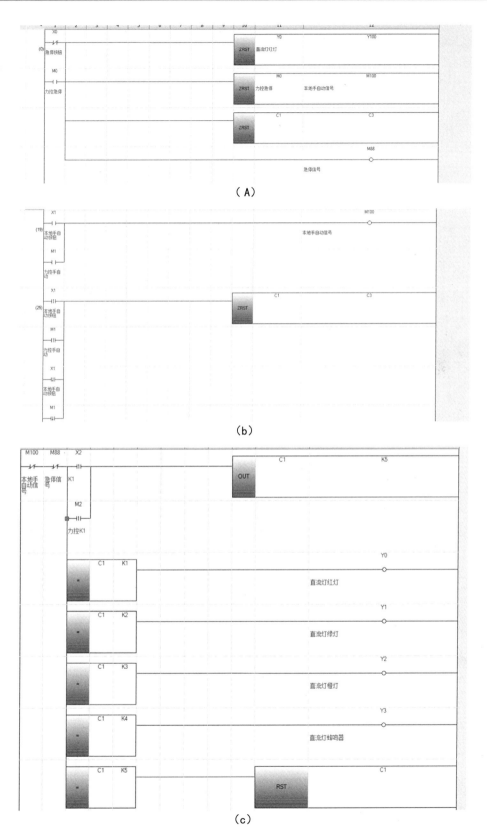

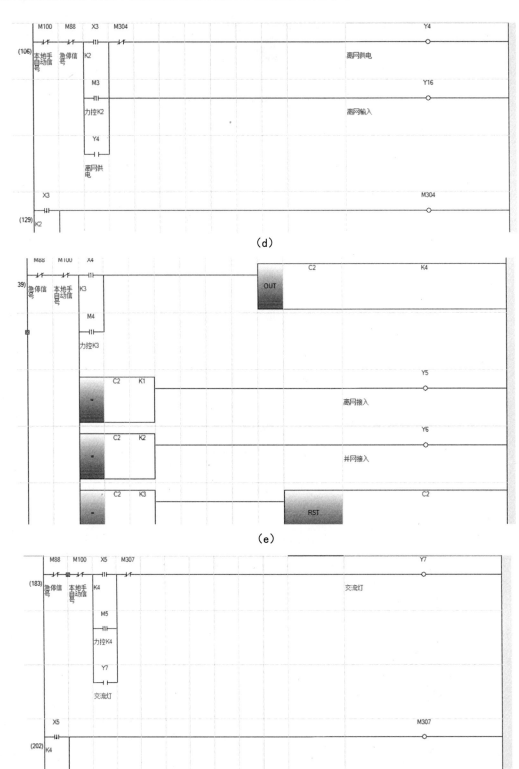

（d）

（e）

（f）

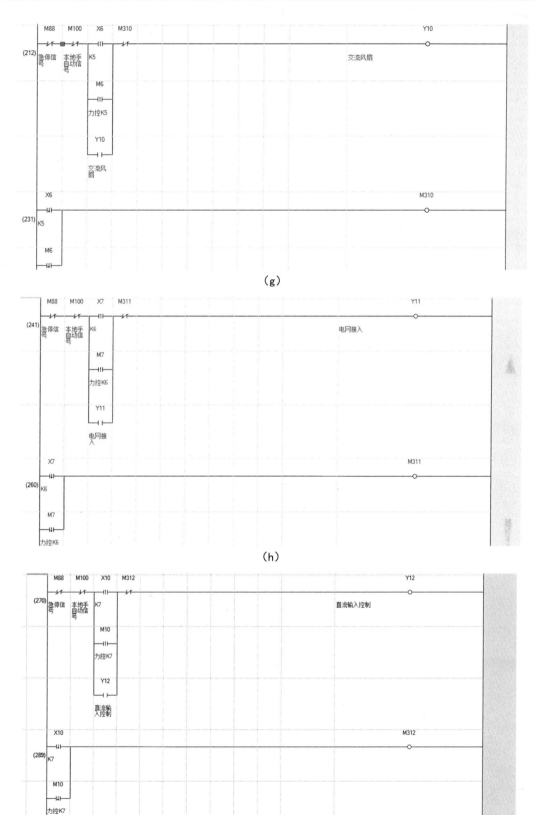

（g）

（h）

（i）

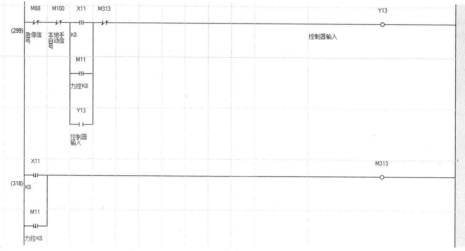

（g）

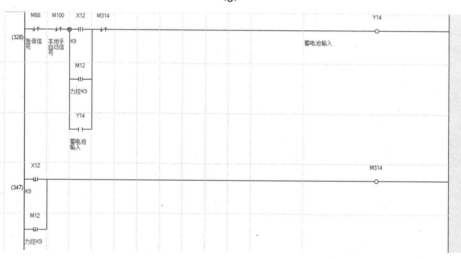

（k）

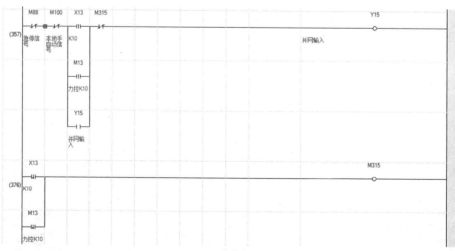

（l）

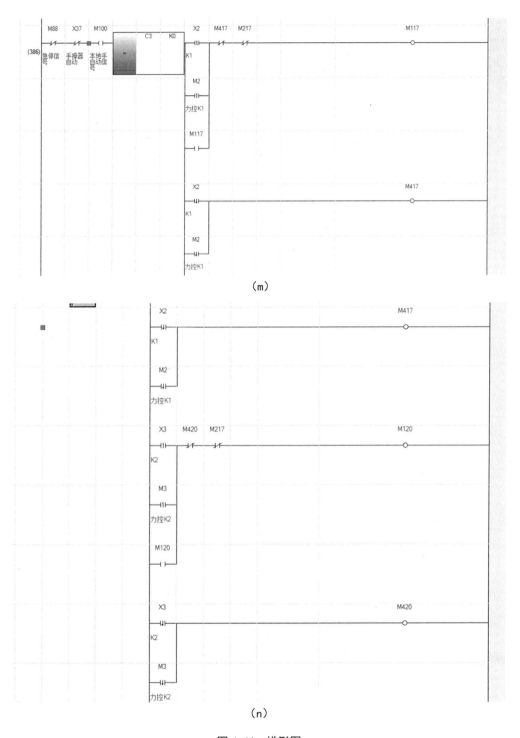

（m）

（n）

图 4-46　梯形图

（7）连接计算机与 PLC 数据线；启动 PLC 电源，将 PLC 程序下载 PLC 中。

（8）调试系统，根据各按键组合，填写直流组合表测量数据。如表 4-13 所示。

表 4.13　数据测量表

按键1	按键1	按键1	按键1	按键1	按键1	按键1	按键1	按键1	按键1	直表1	直表2	交表1	交表1

注：根据开关按键的不同组合，观察直流电表、交流电表的变化。可添加表格内容。

第5章

分布式光伏工程远程控制实训

5.1　离网光伏工程交流远程控制系统

5.1.1　任务简介

1. 任务目的

（1）掌握离网光伏工程交流逻辑系统的组成；

（2）掌握离网光伏工程交流逻辑系统的安装与接线；

（3）掌握 PLC 控制技术及按钮控制继电器的方法；

（4）掌握 PLC 离网光伏工程交流逻辑系统编程技术。

2. 任务内容

（1）完成光伏组件接入直流电压电流表后到光伏控制器逻辑控制线路的连接；

（2）完成光伏控制器到蓄电池充放电线路的逻辑控制连接；

（3）完成光伏控制器接入直流电压电流表后到智能离网微逆变系统线路的逻辑控制连接；

（4）完成智能离网微逆变系统到交流负载逻辑控制线路的连接；

（5）完成离网光伏工程交流逻辑系统 PLC 编程设计；

（6）完成离网光伏工程交流逻辑系统 PLC 安装与按键、继电器控制线路的连接。

3. 功能要求

（1）现场数据采集要求。直流电压电流表 1 测量单轴供电系统输出电压和电流，直流电压电流表 2 测量光伏控制器总输出电压和电流，交流组合表 1 测量交流负载电压和电流。

（2）现场控制要求。单轴供电系统接入光伏控制器的导入与断开由空气开关控制，并受 KM1 接触器控制；电池与控制器的导入与断开由空气开关控制，并受 KM3 接触器控制；

四种负载工作分别受 K A1、K A2、K A3、K A4 继电器控制；离网逆变器电能导入由接触器 KM5 控制；离网逆变器输出由继电器 K A7K 控制；交流灯工作由 K A8 和 K A9 控制。

（3）控制逻辑要求。在空气开关打开的情况下，系统直流部分功能如下。

按钮 1：按一次，K A1 吸合，再按一次 K A2 吸合、K A1 断开，再按一次 K A3 吸合、K A2 断开，再按一次 K A4 吸合、K A3 断开，再按一次 K A4 断开，并依次（循环）。

按钮 8：按下 KM2 吸合，再按 KM2 断开，KM2 吸合时光伏控制器的组件输入得电，为蓄电池充电。

按钮 9：按下 KM3 吸合，再按 KM3 断开，KM3 吸合时蓄电池接入，为光伏控制器供电、光伏控制器正常工作。在按钮 1、按钮 8、按钮 9 有效下，再按按钮 2，KM5 和 K A5 吸合，再按 KM5 和 K A5 断开，离网逆变器输入电能导入、离网逆变器工作电源导入

再按按钮 4，K A7 吸合，再按 K A6 断开，离网逆变器输出导通，到交流负载端。

再按按钮 5 和按钮 6，分别吸合 K A8 和 K A9，再按断开，实现交流灯负载和交流风扇负载等工作与断开。

（4）远程监控要求。在力控软件中实现"控制逻辑要求"中的各按键功能；显示直流组合表 1 和直流组合表 2 电压电流参数。

5.1.2 分布式光伏工程交流监控系统结构

1. 光伏工程直流逻辑控制系统结构

光伏工程直流系统如图 5-1 所示。单轴光伏供电系统中光伏阵列和可调直流电源由接触器 KM1 选择控制；其输入到光伏控制器到输入端由接触器 MK2 控制；蓄电池与光伏控制器的连接受 KM3 接触器控制，各直流负载分别受继电器 K A1、K A2、K A3、K A4 控制。

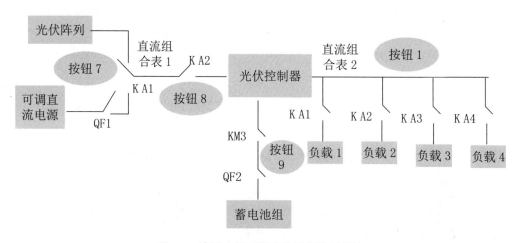

图 5-1　离网光伏工程直流逻辑控制系统

2．逻辑控制器说明

在离网光伏直流控制系统中，拟通过按键、PLC、继电器和接触器实现如下逻辑控制功能，各按钮控制对象及要求如表5-1所示。

表5-1 离网光伏直流控制逻辑

按键号	功能
按钮1	按一次，KA1吸合，再按一次KA2吸合、KA1断开，再按一次KA3吸合、KA2断开，再按一次KA4吸合、KA3断开，再按一次KA4断开，并依次（循环）
按钮7	按下KM1吸合，再按KM1断开。KM1吸合时可调直流稳压电源接入、KM1断开时光伏单轴接入
按钮8	按下KM2吸合，再按KM2断开，KM2吸合时光伏控制器的组件输入得电，为蓄电池充电
按钮9	按下KM3吸合，再按KM3断开，KM3吸合时蓄电池接入，为光伏控制器供电、光伏控制器正常工作

3．远程监控界面设计

远程监控界面采用力控软件实现，主要分为数据采集界面和操作界面。功能需求如表5-2所示。

表5.2　远程监控界面设计

数据采集界面		
直流组合表1	显示电压	显示电流
直流组合表2	显示电压	显示电流
操作界面		
力控软件	键盘	功能
按钮1	按钮1	功能如"离网光伏直流控制逻辑"表所示
按钮2	按钮7	功能如"离网光伏直流控制逻辑"表所示
按钮3	按钮8	功能如"离网光伏直流控制逻辑"表所示
按钮4	按钮9	功能如"离网光伏直流控制逻辑"表所示

5.1.3 任务操作步骤

1. 需求工具

（1）光伏组件，12 V/20 W，数量：4块；

（2）钳形表，UT203，数量：1块；

（3）工具包，数量：1套；

（4）蓄电池，12 V，数量：2块；

（5）直流电压电流表，24 V供电，数量：2块；

（6）交流电压电流表，24 V供电，数量：1块；

（7）光伏控制器，12 V/24 V，数量：1只；

（8）智能离网微逆变系统，240 W，数量：1套；

（9）开关电源，24 V，数量：1只；

（10）空气开关，16 A，数量：4个；

（11）计算机，数量：1台；

（12）三菱FX50-64MR-EPLC，数量：1台；

（13）网线，RJ45，数量：1根；

（14）继电器，24 V，数量：1个。

2. 平台设备安装与连接

（1）光伏阵列（正、负极）分别与继电器KM1的31NC、21NC连接；可调电源通过空气开关与接触器KM1的L3和L1连接；接触器与直流组合表1进行电压、电流测量线路连接（电压测量并联，电流测量串联，电表电源线连接）；直流组合表1与接触器KM2连接，连接方式如图5-2所示。

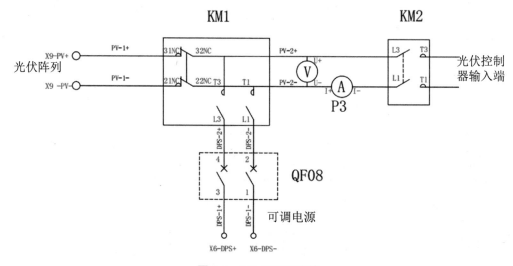

图 5-2　KM1 和 KM2 连接

（2）接触器 KM2 连接输入到光伏控制器输入端；蓄电池组通过空气开关和接触器 KM3 连接到光伏控制器蓄电池输入端；光伏控制器输出端连接到直流组合表 2 进行电压、电流测量线路连接（电压测量并联，电流测量串联，电表电源线连接），如图 5-3 所示。

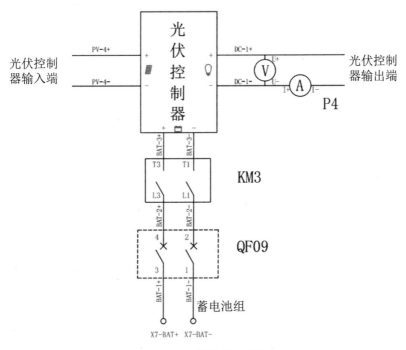

图 5-3　光伏控制器连接

（3）红灯、黄灯、绿灯、蜂鸣器四种负载，分别与 KA1、KA2、KA3、KA4 继电器连接，并联在光伏控制器输出端，如图 5-4 所示。

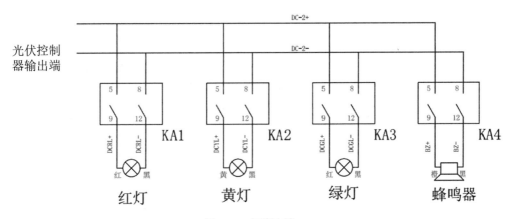

图 5-4　负载连接

（4）将市电分别连接到 PLC 的 L、N 端口。PLC 的 24 V 接线端出线至开关按钮盘 COM 端，按键盘的按钮 1、按钮 7、按钮 8、按钮 9 分别与 PLC 的 X0、X6、X7、X10。

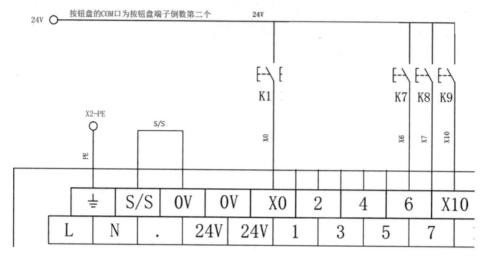

图 5-5　PLC 输入口连接

（5）PLC 的 Y0~Y3 接线端出线至继电器 K A1、K A2、K A3、K A4 的 13 端口；PLC 的 Y12、Y13、Y14 接线端出线至接触器 KM1、KM2、KM3；连接方法如图 5-6 所示。

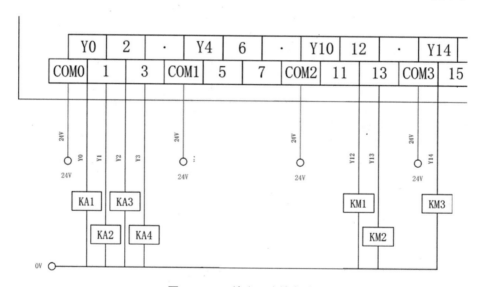

图 5-6　PLC 输出口连接方法

（6）将直流电表 1 和直流电表 2 通信口连接到侧板端子的接线排 X10（485+，485-）端，并通过数据线接入计算机。

（7）编写 PLC 程序。程序逻辑功能如表 5-3 所示。

表5.3　程序逻辑功能

按键号	PLC	功能
按钮1	X0	按一次，K A1吸合，再按一次K A2吸合、K A1断开，再按一次K A3吸合、K A2断开，再按一次K A4吸合、K A3断开,再按一次K A4断开,并依(循环)
按钮7	X6	按下KM1吸合，再按KM1断开。KM1吸合时可调直流稳压电源接入、KM1断开时光伏单轴接入
按钮8	X7	按下KM2吸合，再按KM2断开，KM2吸合时光伏控制器的组件输入得电，为蓄电池充电；
按钮9	X10	按下KM3吸合，再按KM3断开，KM3吸合时蓄电池接入，为光伏控制器供电、光伏控制器正常工作

继电器/接触器与PLC关系

Y0	K A1		Y12	KM1
Y1	K A2		Y13	KM2
Y2	K A3		Y14	KM3
Y3	K A4			

程序梯形图如图5-6所示。

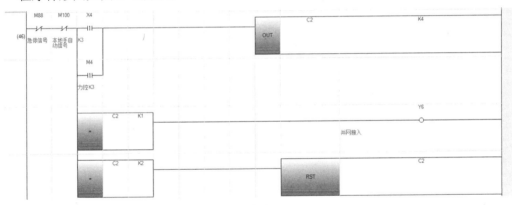

（a）

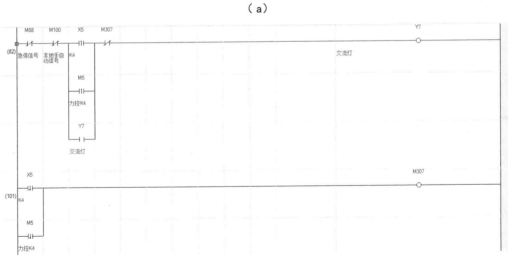

（b）

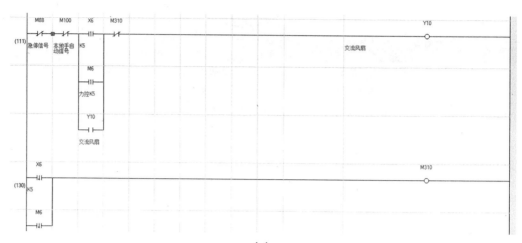

（c）

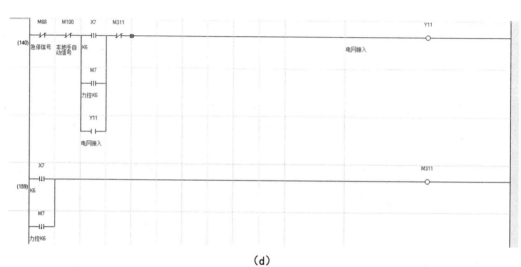

（d）

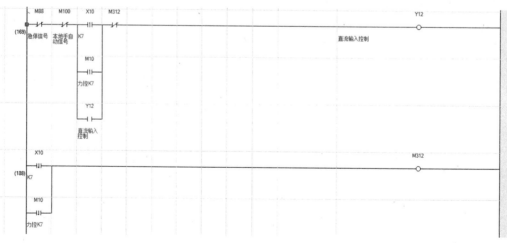

（e）

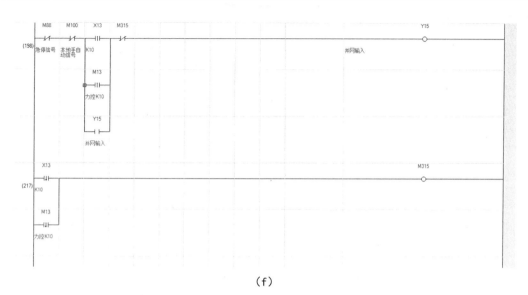

（f）

图 5-7　梯形图

（8）连接计算机与 PLC 数据线；启动 PLC 电源，将 PLC 程序到下载 PLC 中。

3. 远程力按键操作控界面编制

（1）启动力控软件，新建工程项目，如图 5-8 所示。

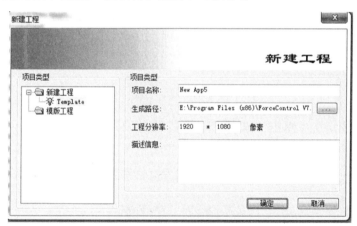

图 5-8　新建工程项目

（2）单击"开发"按钮，进入案发环境。如图 5-9 所示。

图 5-9　进入开发环境

（3）进入开关界面后，在配置窗口栏中单击窗口，再单击"新建窗口"，创建空白窗口。

如图 5-10 所示。

（4）创建空白窗口，进行窗口属性设置。如图 5-11 所示。

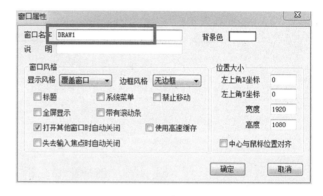

图 5-10　新建窗口

图 5-11　窗口属性设置

（5）单击菜单栏中的"工具"，进入"标准图库"，选择如图 5-12 所示按钮。

图 5-12　按钮选择

（6）在工程窗口中，单击"I/O 设备组态"进行硬件通信接口设置；进入后选择"三菱全系列"；然后进行设备配置；设备名称、设备描述可自定义，如图 5-13 所示。

（7）单击下一步，进行设备配置第二步；逻辑站号为 1，如图 5-14 所示。

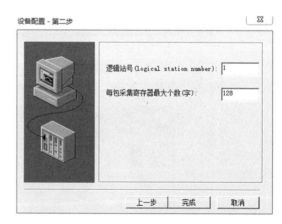

图 5-13　设备配置 1

图 5-14　设备配置 2

完成后，单击"完成"按钮，并关闭 I/O 配置窗口。

（8）配置力控软件与物理按键在 PLC 数据库中的连接；首先设置一个 PLC 内部的点，在工程窗口中单击数据库组态；进入界面后，弹出如图 5-15 所示界面。

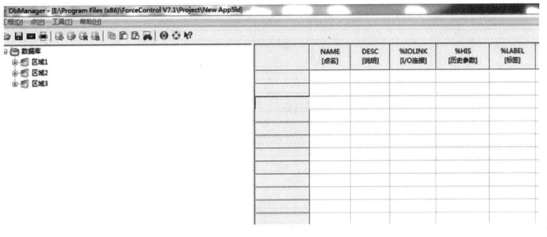

图 5-15　PLC 数据库

（9）选择数据库到区域 1 到模块 1，在图 5-19 空白"点名"处，建立数据表；弹出如图 5-19 所示对话框，选择数字 I/O 点，指定节点和点类型。

图 5-16　指定节点和点类型

（10）在基本参数中设置点名名称、点说明等参数；单击数据连接，在 I/O 类型中选择"辅助继电器"；偏移地址"1"，与 PLC 程序辅助线圈 M1 对应（注：力控开关按键在设置偏移地址是要与 PLC 程序对应，如此开关与 PLC 程序中用辅助继电器 M6 表示，则偏移量为 6，以此类推），读写属性设置"读写"，如图 5-17 所示。

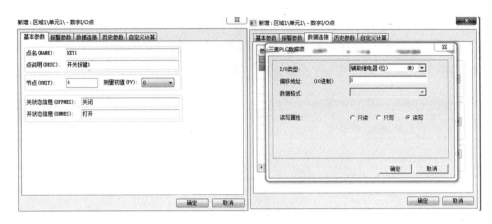

图 5-17　数据节点设置

（11）单击确定按钮，完成一个数据连接，效果如图 5-18 所示。

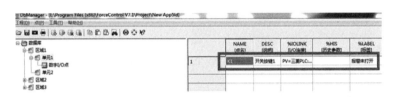

图 5-18　数据库建立

（12）完成力控软件按键属性设置。在窗口中，双击控件（按键），进入控件设置，如图 5-19 所示。

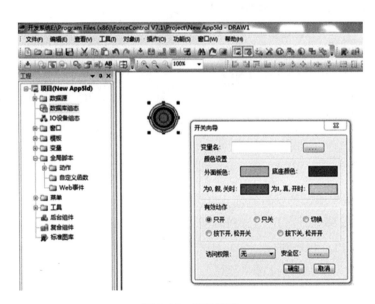

图 5-19　控件设置

单击"变量名"，选取前述"数据库"中所设置的变量内容，完成力控软件按键与物理按键的对接。操作如图 5-20 所示。

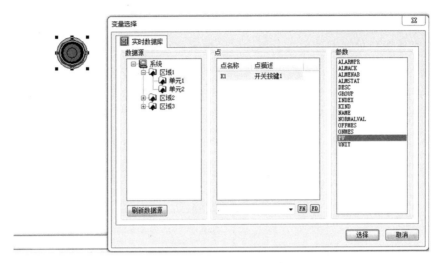

图 5-20　数据库连接

（13）有时，为了标注这个按键功能和意义，需要在按键旁边进行文字说明或按键名称的定义；在菜单栏中，选择工具，选择基本图元，选择文本，在窗口中单击，再输入相关文字说明；根据任务要实现内容，需要完成按键 1、按键 7、按键 8、按键 9 等按键配置，效果如图 5-21 所示。

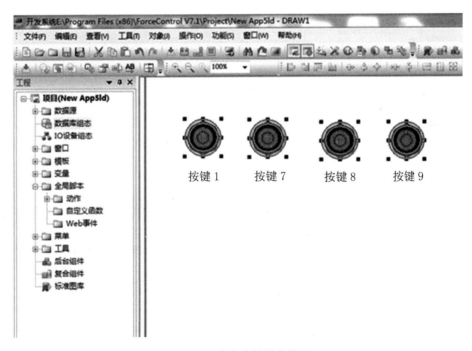

图 5-21　参考力控操作界面

4. 远程力组合表数据采集监控界面编制

（1）在工程窗口处，新建窗口，可定义"电表监控"窗口；打开新建窗口，在菜单栏中单击工具，选择基本图元，选择文本，在窗口中单击，再输入相关文字说明，可输入"直流电压表""直流电流表"等文字；同时，以同样的方法建立待显示数据文本，其中文本用"##.##"表示。效果如图 5-22 所示。

（2）在工程窗口，选择 I/O 设备组态，选择 RTU 串行口，如图 5-23 所示。

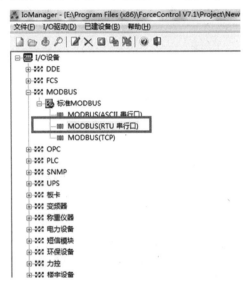

直流电压表　　　##.##

直流电流表　　　##.##

图 5-22　监视界面文本　　　　　　　　图 5-23　组合表通行协议选配

（3）进行 RUT 串行口参数设置。在设备地址中（出厂默认）光照传感器地址为1，温湿度传感器地址为2，交流组合表1地址为3，交流组合表2地址为4，直流组合表1地址为5，直流组合表2地址为6；根据所需要的电表信息设置设备地址。如图 5-24 所示。

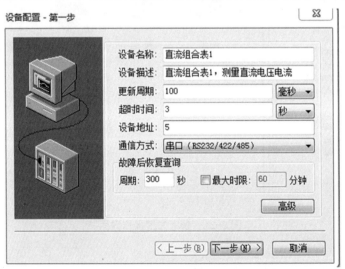

图 5-24　设备配置

（4）在 RUT 串口设置的第二步中，波特率设置 9600；串口号根据实际计算机串口设置。如图 5-25 所示。

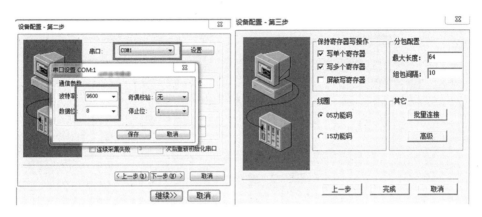

图 5-25　设备串口配置

（5）以此类推，完成所需组合表 485 通信贷 RUT 串口设置。

（6）完成数据库组态设置，在数据库区域、模块中，数据点类型选择"模拟 I/O 点"，如图 5-26 所示。

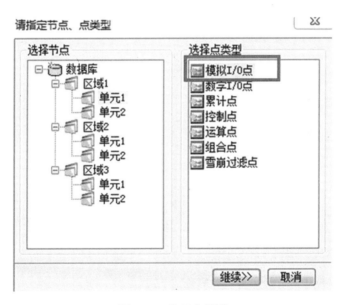

图 5-26　数据点类型

（6）进入数据点参数设置；完成基本参数和数据连接等参数设置；在组态界面图中，偏置量 37 为电压数据，电流量数据偏置量为 35；具体如图 5-27 所示。

（7）配置完成组合表后，在"工程"窗口选择窗口，新建一个"电表显示"窗口，如图 5-28 所示。

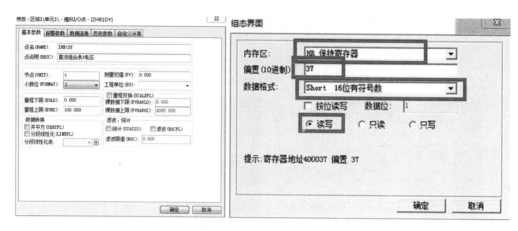

图 5-27 数据点参数设置

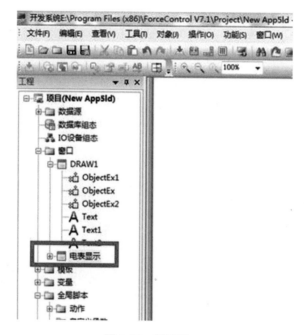

图 5-28 新建窗口

（7）以此类推，完成需要组合表的通信协议、数据点配置和数据库连接。根据本案例监组合表监控需求，完成的组合表监控界面。

（8）在"电表监控"窗口，双击"##.##"文本框，弹出文本框数据连接对话框；选择数值输出中的"模拟"，如图 5-29 所示。

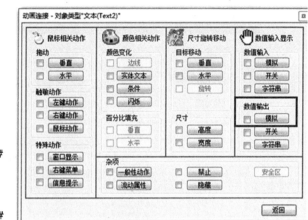

直流电压表　　　##.##

直流电流表　　　##.##

图 5-29　文本显示属性

（9）进入变量选择对话框，"点"处选择已经建立的数据库点；参数选择"ＰＶ"类型。如图 5-30 所示。

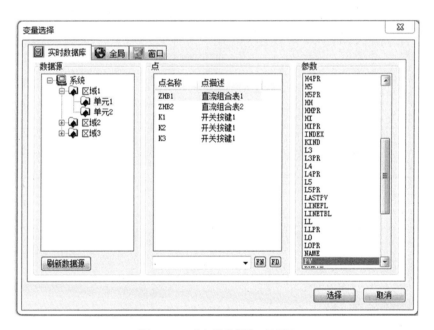

图 5-30　"变量选择"对话框

（10）步骤（8）~（9）完成了一个数据监控内容；根据实际功能需求,完成其他数据库、文本属性的配置。

（11）离网光伏工程交流远程控制系统监控界面参考图 5-31。

分布式光伏工程实训系统

直流组合表1		直流组合表2	
组件电压	0.00 V	控制器电压	0.00 V
组件电流	0.00 A	控制器电流	0.00 A
组件功率	0 W	控制器功率	0.000 W

图 5-31　监控界面参考

5．数据测试

调试系统，根据接触器和继电器状态组合，填写直流组合表测量数据。

表 5.4 数据测量表

接触器状态			继电器状态				直流组合表 1		直流组合表 2	
KM1	KM2	KM3	K A1	K A2	K A3	K A4	电压 /V	电流 /A	电压 /V	电流 /A

5.2　分布式光伏工程并网监控系统

5.2.1　任务简介

1．任务目的

（1）掌握并网光伏工程逻辑控制系统的组成；

（2）掌握并网光伏工程逻辑控制系统的安装与接线；

（3）掌握并网光伏工程逻辑控制系统的运行原理；

（4）掌握并网光伏工程逻辑控制系统 PLC 编程技术；

（5）掌握 PLC 控制技术及按钮控制继电器的方法；

（6）掌握单轴光伏供电系统控制方法。

2．任务要求

（1）完成光伏组件接入直流电压电流表后到光伏控制器逻辑控制线路的连接；

（2）完成光伏控制器到蓄电池充放电线路的逻辑控制连接；

（3）完成光伏控制器接入直流电压电流表后到并网逆变器线路的逻辑控制连接；

（4）完成并网逆变器到交流负载逻辑控制线路的连接；

（5）完成并网光伏工程逻辑控制系统 PLC 编程设计；

（6）完成并网光伏工程逻辑控制系统 PLC 安装与按键、继电器控制线路的连接；

（7）完成按钮盘独立控制效果；

（8）完成并网系统的运行调试。

3．功能要求

（1）电表测量要求。直流电压电流表 1 测量光伏组件输出电压和电流，交流电压电流表 1 测量交流负载用电，交流电压电流表 2 测量总市电的交流电压和电流，单向电能表测量并网逆变器输出电能，双向电能表测量市电导入与导出。

（2）电源控制要求。单轴光伏供电系统接入并网逆变器由空气开关控制，并网逆变器与交流负载的导入与断开由空气开关控制，交流市电的导入由空气开关控制。

（3）现场控制要求。独立控制各交流负载工作；独立控制单轴光伏供电系统与并网逆变器的连接与断开，同时控制与并网逆变器与市电的连接；独立控制市电的导入与导出。

（4）远程监控要求。在力控软件中实现"控制逻辑要求"中的各按键功能；显示直流组合表 1 和交流组合表 1 和交流组合表 2 电压、电流、功率参数。

5.2.2　分布式光伏工程并网监控系统结构

1．体系结构图

光伏工程并网系统图如图 5-32 所示。单轴光伏供电系统通过空气开关 2 连接到并网逆变器的输入端；并网逆变器输出通过单向电能表连接到交流负载，同时市电通过双向电能表与并网逆变器进行连接。当光伏工程并网系统工作时（注：此时光伏组件电能较少由直流稳压电源代替），光伏直流电能通过并网逆变器产生交流电能，为交流负载提供电能；当光伏发电不足时，由市电进行补充；当光伏发电电能较足时，光伏发电将通过双向电能表流向市电。

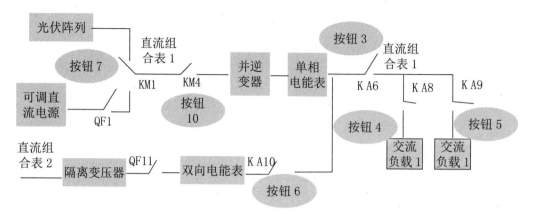

图 5-32　光伏工程并网逻辑控制系统图

2．逻辑功能说明

在分布式并网系统中，拟通过按键、PLC、继电器和接触器实现如下逻辑控制功能（表5-5）。

表 5.5　分布式并网光伏系统控制逻辑

按键号	功能
按钮 3	按下 K A6 吸合，再按 K A6 断开，吸合表示与交流负载导通
按钮 4	按一次，K A8 吸合，交流灯工作；再按 KM8 断开
按钮 5	按一次，K A9 吸合，交流风扇工作；再按 KM9 断开
按钮 6	按一次，K A10 吸合，与市电导通。再按 KM10 断开
按钮 7	按下 KM1 吸合，再按 KM1 断开。KM1 吸合时可调直流稳压电源接入、KM1 断开时光伏单轴接入
按钮 10	按下 KM4 吸合，再按 KM4 断开。KM4 吸合时并网逆变器输入接通

3．远程监控界面设计

远程监控界面采用力控软件实现，主要分为数据采集界面和操作界面。功能需求如表5-6所示。

表 5.6　远程监控界面设计

数据采集界面			
直流组合表 1	电压	电流	功率
交流组合表 1	电压	电流	功率
交流组合表 2	电压	电流	功率
操作界面			
力控软件	键盘	功能	
按钮 3	按钮 3	功能如"分布式并网光伏系统控制逻辑"表所示	
按钮 4	按钮 4	功能如"分布式并网光伏系统控制逻辑"表所示	

续表

按钮5	按钮5	功能如"分布式并网光伏系统控制逻辑"表所示
按钮6	按钮6	功能如"分布式并网光伏系统控制逻辑"表所示
按钮7	按钮7	功能如"分布式并网光伏系统控制逻辑"表所示
按钮10	按钮10	功能如"分布式并网光伏系统控制逻辑"表所示

5.2.3 任务操作步骤

1. 需求工具

（1）钳形表，UT203，数量：1块；

（2）工具包，数量：1套；

（3）直流电压电流表，24 V供电，数量：2块；

（4）交流电压电流表，24 V供电，数量：1块；

（5）单相电能表，数量：1块；

（6）双向电能表，数量：1块；

（7）隔离变压器，1000 V.A，数量：1只；

（8）并网逆变器，700 W，数量：1套；

（9）智能离网微逆变器系统，240 W，数量：1套；

（10）可调直流稳压电源，100 V/10 A/100 W，数量：1只；

（11）空气开关，16 A，数量：2个；

（12）开关按钮盘，数量：1个；

（13）开关电源，24 V，数量：1个。

（14）继电器，24 V，数量：1个。

（15）交流负载，数量：1个。

2. 平台设备安装与连接

（1）在单轴光伏供电系统中，为并网逆变器提供输入直流电能，完成光伏阵列与可调直流稳压电源与接触器KM1的连接；接触器KM1输出与直流组合表1进行电压、电流测量线路连接；直流组合表1输出与接触器KM4连接；注意电压测量并联，电流测量串联，电表电源线连接。如图5-33所示。

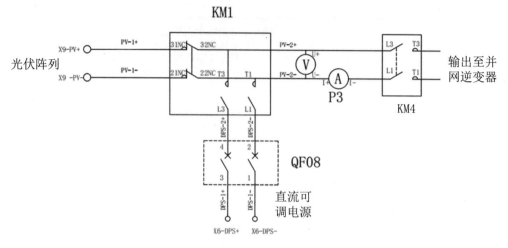

图 5-33　单轴供电系统连接

（2）接触器 KM4 输出与并网逆变器输入端连接；并网逆变器与单相电能表进行连接；单相电能表电源线连接，如图 5-34 所示。

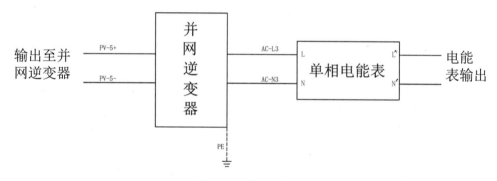

图 5-34　并网逆变器连接

（3）单相电能表输出连接至继电器 K A6；继电器 K A6 再与交流组合表 1 进行电压电流测量线路连接；交流组合表 1 输出通过继电器 K A8 和 K A9 分别与交流灯、交流风扇连接。如图 5-35 所示。

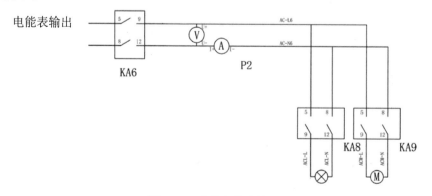

图 5-35　交流负载连接

（4）单相电能表输出与继电器 K A10 连接，继电器 K A10 与双向电能表输出端连接；双向电能表输入与空气开关 QF11 连接。

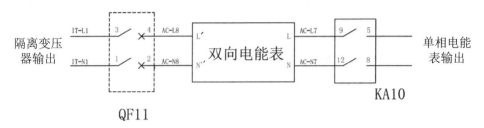

图 5-36　市电接入

（5）空气开关 QF11 与隔离变压器输出端连接，总市电电源与交流组合表 2 进行电压电流测量线路连接，交流组合表 2 输出与隔离变压器输入端连接。如图 5-37 所示。

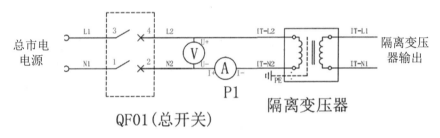

图 5-37　隔离变压器与双向电能表连接

（6）将市电分别到 PLC 的 L、N 端口。PLC 的 24 V 接线端出线至开关按钮盘 COM 端，按键盘的按钮 3、按钮 5、按钮 6、按钮 7、按钮 10 分别与 PLC 的 X2.、X4、X5、X6、X11 连接。如图 5-37 所示。

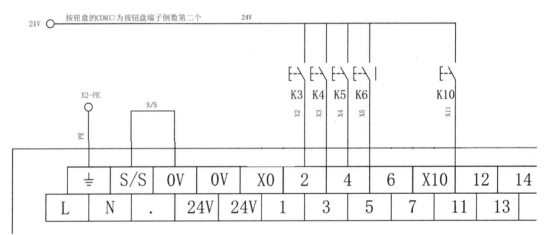

图 5-38　PLC 输入端连接

（7）PLC 的 Y5、Y7、Y10、Y11 接线端出线至继电器 K A6、K A8、K A9、K A10 的 13 端口；PLC 的 Y12、Y15 接线端出线至接触器 KM1、KM4。连接方法如图 5-39 所示。

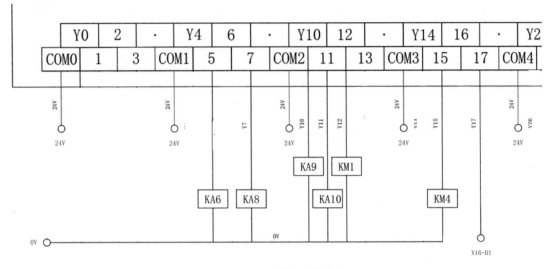

图5-39 PLC输出连接方法

（8）将直流组合表电表1、交流组合表电表1和交流组合表2的通信口连接到侧板端子的接线排X10（485+，485-）端，并通过数据线接入计算机。

（9）编写PLC程序。程序逻辑功能如表5-7所示。

表5.7 逻辑功能

按键号	功能			
按钮3	按下KA6吸合，再按KA6断开，吸合表示与交流负载导通			
按钮4	按一次，KA8吸合，交流灯工作；再按KM8断开			
按钮5	按一次，KA9吸合，交流风扇工作；再按KM9断开			
按钮6	按一次，KA10吸合，与市电导通。再按KM10断开			
按钮7	按下KM1吸合，再按KM1断开。KM1吸合时可调直流稳压电源接入、KM1断开时光伏单轴接入			
按钮10	按下KM4吸合，再按KM4断开。KM4吸合时并网逆变器输入接通			
继电器/接触器与PLC关系				
Y5	KA6		Y12	KM1
Y7	KA8		Y15	KM4
Y10	KA9			
Y11	KA10			

程序梯形图如图 5-40 所示。

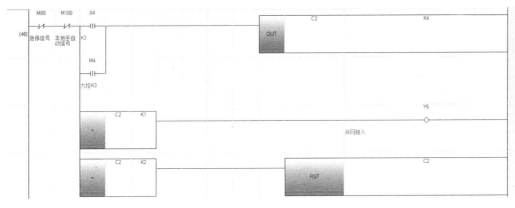

（a）

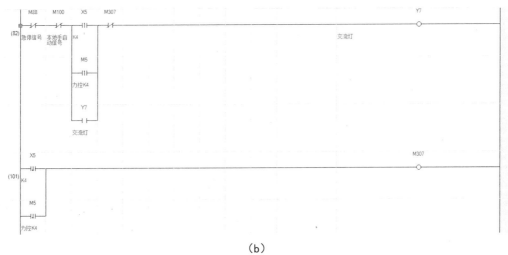

（b）

（c）

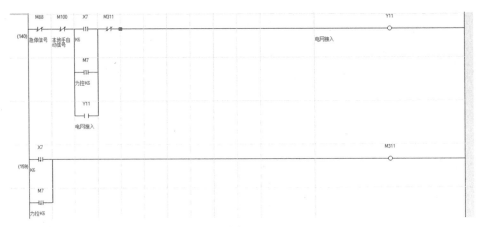

（d）

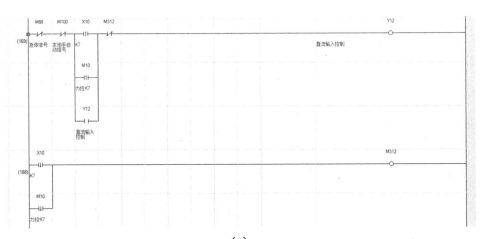

（e）

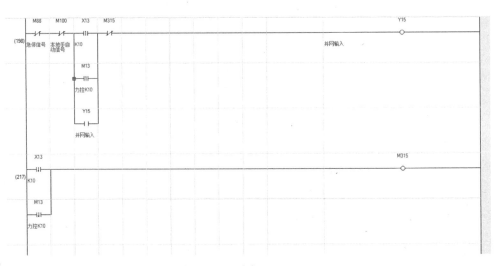

（f）

图 5-40　梯形图

（7）连接计算机与 PLC 数据线；启动 PLC 电源，将 PLC 程序下载到 PLC 中。

3．远程力按键操作控界面编制

（1）启动力控软件，新建工程项目（图 5-41）。

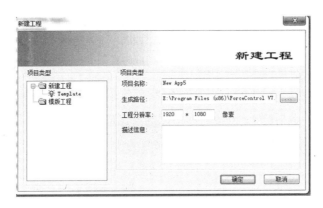

图 5-41　新建工程项目

（2）单击"开发"按钮，进入开发环境。

图 5-42　进入开发环境

（3）进入开关界面后，在配置窗口栏中，单击"窗口"，再"新建窗口"，创建空白窗口（图 5-43）进行窗口属性设置（5.44）。

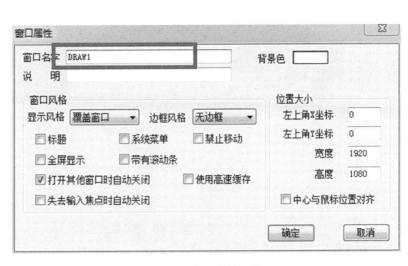

图 5-43　新建窗口　　　　　　　　　　图 5-44　窗口属性设置

（4）单击菜单栏中的"工具"，进入"标准图库"，选择"按钮"，选择如图 5-45 所示按钮。

图 5-45　按钮选择

（5）在工程窗口中，单击"I/O 设备组态"进行硬件通信接口设置；进入后选择"三菱全系列"；然后进行设备配置；设备名称、设备描述可自定义，如图 5-46、图 5-47 所示。单击"下一步"，进行设备配置第二步；逻辑站号为 1。

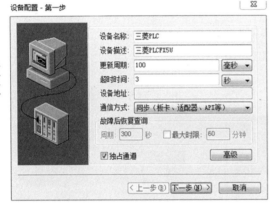

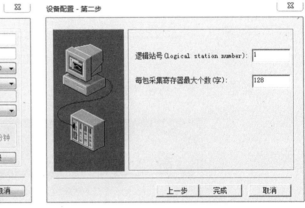

图 5-46　设备配置 1　　　　　　　　　　　　　图 5-47　设备配置 2

完成后，单击"完成"按钮，并关闭 I/O 配置窗口。

（6）配置力控软件与物理按键在 PLC 数据库中的连接；首先设置一个 PLC 内部的点，在工程窗口中单击数据库组态；进入界面后，弹出如图 5-48 所示界面。

图 5-48　PLC 数据库

（7）选择数据库到区域 1 到模块 1，在图（5.48）空白"点名"处，建立数据表；弹出如图 5-49 对话框，选择数字 I/O 点，指定节点和点类型。

图 5-49　指定节点和点类型

（8）在基本参数中设置点名名称、点说明等参数；单击"数据连接"，在 I/O 类型中选择"辅助继电器"；偏移地址"1"，与 PLC 程序辅助线圈 M1 对应（注：力控开关按键在设置偏移地址是要与 PLC 程序对应，如此开关与 PLC 程序中用辅助继电器 M6 表示，则偏移量为 6，以此类推），读写属性设置为"读写"，如图 5-50 所示。

图 5-50　数据节点设置

（9）单击"确定"按钮，完成一个数据连接，效果如图 5-51 所示。

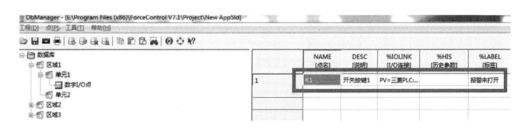

图 5-51　数据库建立

分布式光伏发电教程

（10）完成力控软件按键属性设置。在窗口中，双击控件（按键），进入控件设置，如图 5-52 所示。

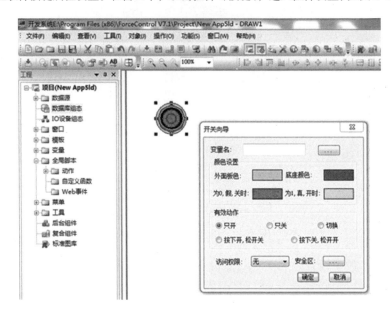

图 5-52　控件设置

单击"变量名"，选取前述"数据库"中所设置的变量内容，完成力控软件按键与物理按键的对接；操作如图 5-53 所示。

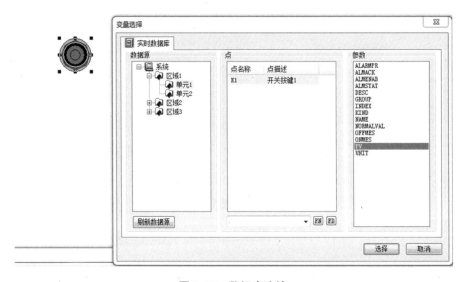

图 5-53　数据库连接

（11）有时，为了标注这个按键功能和意义，需要在按键旁边进行文字说明或按键名称的定义；在菜单栏中，选择工具，选择基本图元，选择文本，在窗口中单击，再输入相关文字说明；根据任务要实现内容，需要完成按键 1、按键 7、按键 8、按键 9 等按键配置，效果如图 5-54 所示。

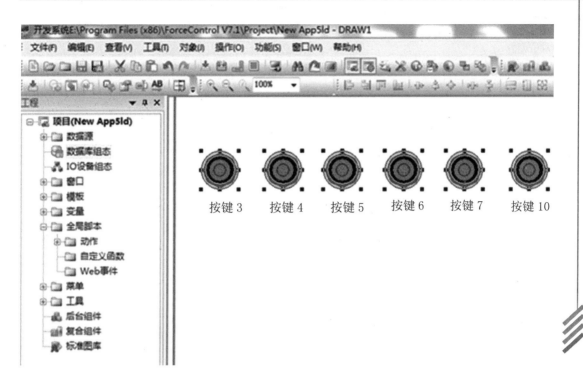

图 5-54　参考操作界面

4.远程力组合表数据采集监控界面编制

（1）在工程窗口处，新建窗口，可定义"电表监控"窗口；打开新建窗口，在菜单栏中单击"工具"，选择基本图元，选择文本，在窗口中单击，再输入相关文字说明，可输入"直流电压表""直流电流表"等文字；同时，以同样的方法建立待显示数据文本，其中文本用"##.##"表示。效果如图 5-55 所示。

（2）在工程窗口，选择 I/O 设备组态，选择 RTU 串行口，如图 5-56 所示。

直流电压表　　##.##

直流电流表　　##.##

图 5-55　监视界面文本　　　　　　　　图 5-56　组合表通行协议选配

（2）进行 RUT 串行口参数设置。在设备地址中（出厂默认）光照传感器地址为 1，温湿度传感器地址为 2，交流组合表 1 地址为 3，交流组合表 2 地址为 4，直流组合表 1 地址为 5，直流组合表 2 地址为 6；根据所需要的电表信息设置设备地址。如图 5-57 所示。

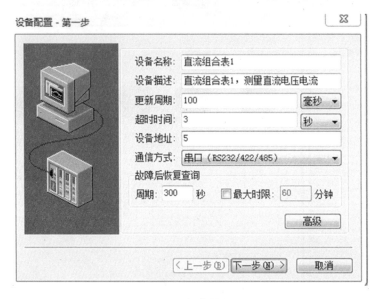

图 5-57 设备配置

（3）在 RUT 串口设置的第二步中，波特率设置 9600；串口号根据实际计算机串口设置。如图 5-58 所示。

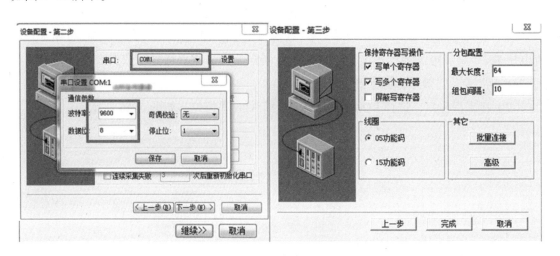

图 5-58 设备串口配置

（4）以此类推，完成所需组合表 485 通信贷 RUT 串口设置。

（5）完成数据库组态设置，在数据库区域、模块中，数据点类型选择"模拟 I/O 点"，如图 5-59 所示。

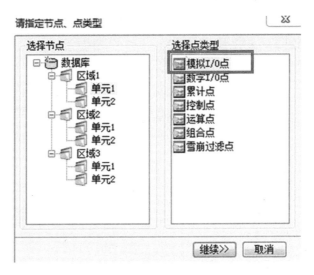

图 5-59　数据点类型

（6）进入数据点参数设置；完成基本参数和数据连接等参数设置；在组态界面图中，偏置量 37 为电压数据，电流量数据偏置量为 35；具体如图 5-60 所示。

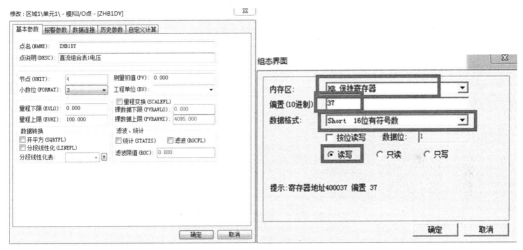

图 5-60　数据点参数设置

（7）配置完成组合表后，在"工程"窗口，选择窗口，新建一个"电表显示"窗口，如图 5-61 所示。

（8）以此类推，完成需要组合表的通信协议、数据点配置和数据库连接。根据本案例监组合表监控需求，完成的组合表监控界面如下所示。

（9）在"电表监控"窗口，双击"##.##"文本框，弹出文本框数据连接对话框；选择数值输出中的"模拟"；如图 5-62 所示。

（10）进入变量选择对话框，"点"处选择已经建立的数据库点；参数选择"P V"类型。如图 5-63 所示。

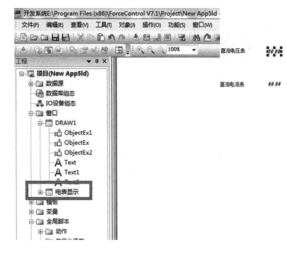

图 5-61　新建窗口

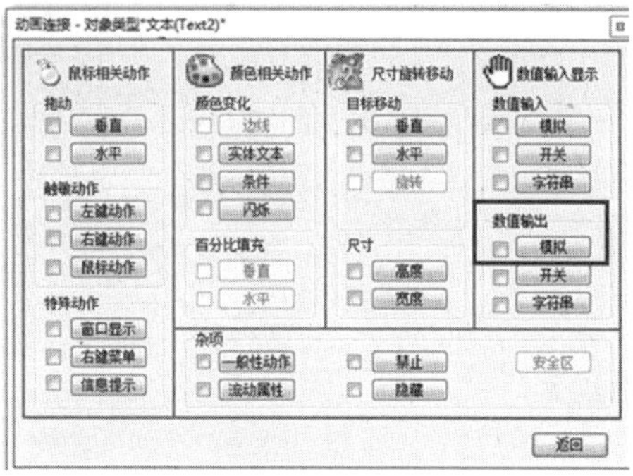

图 5-62　文本显示属性

图 5-63　变量选择

（11）步骤（8）~（9）完成了一个数据监控内容；根据实际功能需求，完成其他数据库、文本属性的配置。

（12）分布式光伏并网监控界面参考如图 5-64 所示。

图 5-64　监控界面参考

5.数据测试

调试系统，根据接触器和继电器状态组合，填写直流组合表测量数据（表5-8）。

表5-8　数据测量表

接触器状态		继电器状态				直流表		交流表1		交流表2	
KM1	KM4	K A6	K A8	K A9	K A10	V/V	I/A	V/V	I/A	V/V	I/A

5.3　分布式光伏离并网混合监控系统

5.3.1 任务简介

1.任务目的

（1）掌握分布式光伏离并网混合逻辑控制系统的组成；

（2）掌握分布式光伏离并网混合逻辑控制系统的安装与接线；

（3）了解并网光伏工程逻辑控制系统的控制及原理；

（4）了解离网光伏工程交流逻辑系统的控制及原理；

（5）了解可编程逻辑控制器的控制原理，并熟练编程；

（6）掌握PLC控制技术及按钮控制继电器的方法；

（7）掌握单轴光伏供电系统控制方法；

（8）掌握分布式光伏离并网混合逻辑控制系统PLC编程技术。

2.任务要求

（1）完成光伏组件接入直流电压电流表1后到光伏控制器逻辑控制线路的连接；

（2）完成光伏控制器到蓄电池充放电线路的逻辑控制连接；

（3）完成光伏控制器接入直流电压电流表2后到智能离网微逆变系统线路的逻辑控制连接；

（4）完成智能离网微逆变系统到交流负载逻辑控制线路的连接；

（5）完成分布式光伏离并网混合逻辑控制系统 PLC 编程设计；

（6）完成分布式光伏离并网混合逻辑控制系统 PLC 安装与按键、继电器控制线路的连接；

（7）完成单轴光伏供电系统 PLC 控制及编程设计；

（8）完成本地按钮独立控制效果；

（9）完成并网光伏工程逻辑控制系统的运行调试；

（10）完成离网光伏工程交流逻辑系统的运行调试；

（11）完成离并网的手自动切换工作模式。

3．功能要求

（1）电表测量要求。直流电压电流表 1 测量光伏组件输出电压和电流，交流电压电流表 1 测量交流负载用电，单向电能表测量并网逆变器输出电能，双向电能表测量市电导入与导出。

（2）电源控制要求。单轴光伏供电系统接入并网逆变器由空气开关控制，并网逆变器与交流负载的导入与断开由空气开关控制，交流市电的导入由空气开关控制，智能离网微逆变系统和并网系统切换由双向开关控制。

（3）现场控制要求。独立控制各交流负载工作，独立控制单轴光伏供电系统与并网逆变器的连接与断开，独立控制市电的导入与导出，独立控制并网运行和离网运行的切换。

（4）远程监控要求。在力控软件中实现"控制逻辑要求"中的各按键功能；显示直流组合表 1、直流组合表 2、交流组合表 1 和交流组合表 2 电压、电流、功率参数。

5.3.2 分布式光伏离并网混合监控系统结构

1．系统结构

分布式并离网混合发电系统图如图 5-65 所示。单轴光伏供电系统通过空气开关 1 连接到并网逆变器的输入端；单轴光伏供电系统通过空气开关 1 连接到光伏控制器的输入端；蓄电池通过空气开关 2 连接到光伏控制器输入端；光伏控制器通输出端直接与逆变器功率源输入端连接；逆变器输出连接到"交流灯"和"交流风扇"灯交流负载上。

并网逆变器输出通过单向电能表连接到交流负载，同时市电通过双向电能表与并网逆变器进行连接。当光伏工程并网系统工作时（注：此时光伏组件电能较少由直流稳压电源代替），光伏直流电能通过并网逆变器产生交流电能，为交流负载提供电能。当光伏并网逆变器发电不足时，由市电进行补充；当光伏发电电能较足时，光伏发电将通过双向电能表流向市电。当市电故障时，离网逆变器启动继续为负载供电。

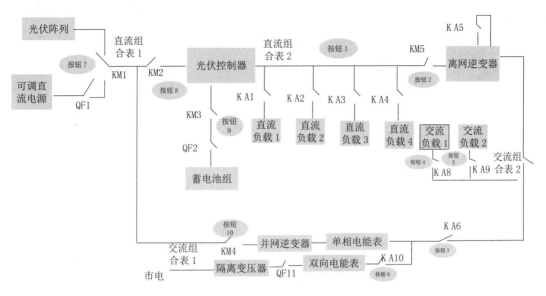

图 5-65　分布式并离网混合发电系统体系结构图

2．系统运行逻辑功能说明

在分布式并离网混合系统控制系统中，拟通过按键、PLC、继电器和接触器实现如下逻辑控制功能（表 5-9）。

表 5-9　并离网混合光伏系统控制逻辑

按键号	功能
按钮 1	按一次，K A1 吸合，再按一次 K A2 吸合、K A1 断开，再按一次 K A3 吸合、K A2 断开，再按一次 K A4 吸合、K A3 断开，再按一次 K A4 断开（循环）
按钮 2	离网供电开关打开、离网输入接入；K A5 和 KM5 吸合，再按一次两个断开。
按钮 3	并/离网切换，按键按 1 次，K A6 吸合，K A7 断开，为分布式并网光伏系统；再按一次，K A7 吸合，K A6 断开为离网光伏系统
按钮 4	按下 K A8 吸合，再按 K A8 断开
按钮 5	按下 K A9 吸合，再按 K A9 断开
按钮 6	按下 K A10 吸合，再按 K A10 断开。K A10 吸合时，并网线路市电接入
按钮 7	按下 KM1 吸合，再按 KM1 断开。KM1 吸合时可调直流稳压电源接入、KM1 断开时光伏单轴接入
按钮 8	按下 KM2 吸合，再按 KM2 断开。KM2 吸合时光伏控制器的组件输入得电，为蓄电池充电
按钮 9	按下 KM3 吸合，再按 KM3 断开。KM3 吸合时蓄电池接入，为光伏控制器供电、光伏控制器正常工作
按钮 10	按下 KM4 吸合，再按 KM4 断开。KM4 吸合时并网逆变器输入接通

3．远程监控界面设计

远程监控界面采用力控软件实现，主要分为数据采集界面和操作界面。功能需求如表 5-10 所示。

表 5-10　远程监控界面设计

数据采集界面			
直流组合表 1	电压	电流	功率
直流组合表 2	电压	电流	功率
交流组合表 1	电压	电流	功率
交流组合表 2	电压	电流	功率
操作界面			
力控软件	键盘	功能	
按钮 1	按钮 1	功能如"并离网混合光伏系统控制逻辑"表所示	
按钮 2	按钮 2	功能如"并离网混合光伏系统控制逻辑"表所示	
按钮 3	按钮 3	功能如"并离网混合光伏系统控制逻辑"表所示	
按钮 4	按钮 4	功能如"并离网混合光伏系统控制逻辑"表所示	
按钮 5	按钮 5	功能如"并离网混合光伏系统控制逻辑"表所示	
按钮 6	按钮 6	功能如"并离网混合光伏系统控制逻辑"表所示	
按钮 7	按钮 7	功能如"并离网混合光伏系统控制逻辑"表所示	
按钮 8	按钮 8	功能如"并离网混合光伏系统控制逻辑"表所示	
按钮 9	按钮 9	功能如"并离网混合光伏系统控制逻辑"表所示	
按钮 10	按钮 10	功能如"并离网混合光伏系统控制逻辑"表所示	

5.3.3　任务操作步骤

1．需求工具

（1）钳形表，UT203，数量：1 块；

（2）工具包，数量：1 套；

（3）直流电压电流表，24 V 供电，数量：2 块；

（4）交流电压电流表，24 V 供电，数量：1 块；

（5）智能离网微逆变器系统，240 W，数量：1 套；

（6）空气开关，16 A，数量：2 个；

（7）开关按钮盘，数量：1个；

（8）开关电源，24 V，数量：1个。

（9）继电器，24 V，数量：4个。

（10）光伏组件，12 V/20 W，数量：4块；

（11）光伏控制器，12 V/24 V，数量：1只；

（12）三菱 FX50-64MR-EPLC，数量：1台。

2. 平台设备安装与连接

（1）光伏阵列（正、负极）分别与继电器 KM1 的 31NC、21NC 连接；可调电源通过空气开关与接触器 KM1 的 L3 和 L1 连接；接触器与直流组合表 1 进行电压、电流测量线路连接（电压测量并联，电流测量串联，电表电源线连接）；直流组合表 1 与接触器 KM2 连接，连接方式如图 5-66 所示。

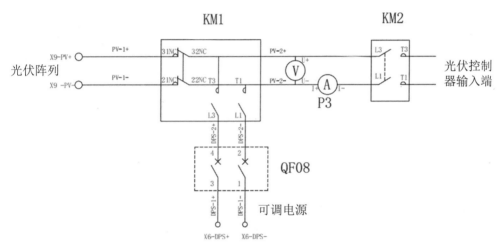

图 5-66　KM1 和 KM2 连接

（2）接触器 KM2 连接输入到光伏控制器输入端；蓄电池组通过空气开关和接触器 KM3 连接到光伏控制器蓄电池输入端；光伏控制器输出端连接到直流组合表 2 进行电压、电流测量线路连接（电压测量并联，电流测量串联，电表电源线连接），如图 5-67 所示。

（3）红灯、黄灯、绿灯、蜂鸣器四种负载，分别与 K A1、K A2、K A3、K A4 继电器连接，并联在光伏控制器输出端，如图 5-68 所示。

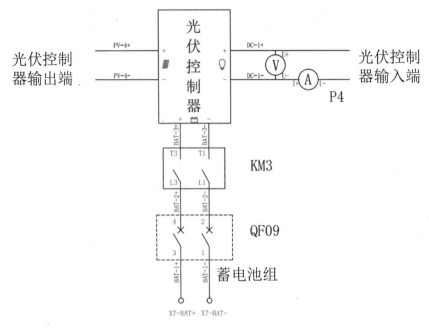

图 5-67　光伏控制器连接

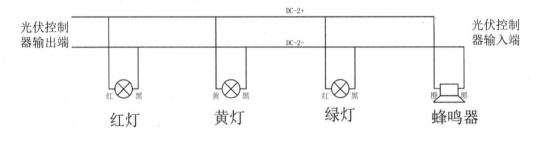

图 5-68　负载连接

（4）光伏控制器输出连接到接触器 KM5，并通过接触器输入到离网逆变器输入端；同时 24 V 电源通过接触器 KM5 与离网逆变器电源端连接；逆变器启动按键（信号）通过继电器 K A5 连接；逆变器输出端通过空气开关 9 和继电器 K A7 输出，如图 5-69 所示。

（5）通过继电器 K A7 输出与交流组合表 1 进行电压、电流测量线路连接；交流组合表 1 输出分别与继电器 K A8.K A9 连接；继电器 K A8.K A9 输出与交流灯和交流风扇连接；如图 5-70 所示。

（6）直流组合表 1 输出与接触器 KM4 连接；注意电压测量并联，电流测量串联，电表电源线连接。如图 5-71 所示。

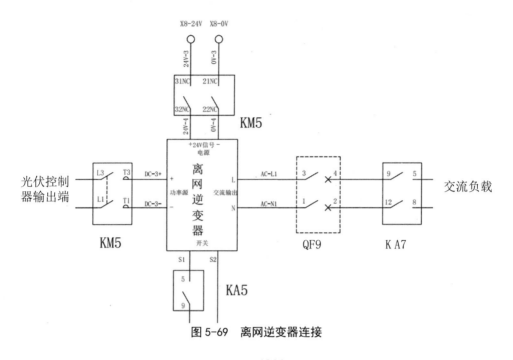

图 5-69　离网逆变器连接

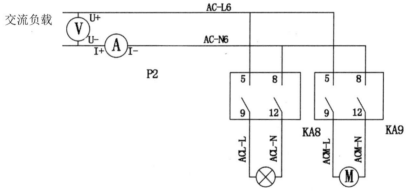

图 5-70　交流组合表及交流负载连接

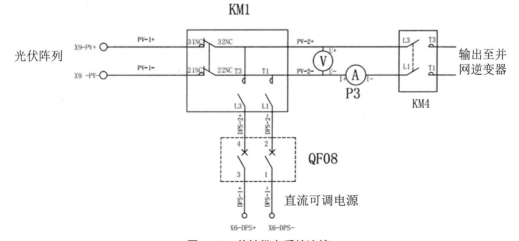

图 5-71　单轴供电系统连接

（7）接触器 KM4 输出与并网逆变器输入端连接；并网逆变器与单相电能表进行连接；单相电能表电源线连接，如图 5-72 所示。

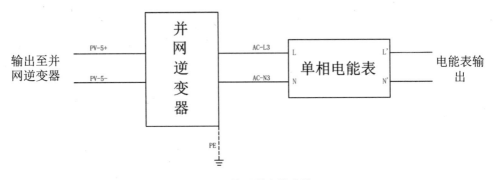

图 5-72　并网逆变器连接

（8）单相电能表输出连接至继电器 KA6；继电器 KA6 再与交流组合表 1 进行电压电流测量线路连接；交流组合表 1 输出通过继电器 KA8 和 KA9 分别与交流灯、交流风扇连接。如图 5-73 所示。

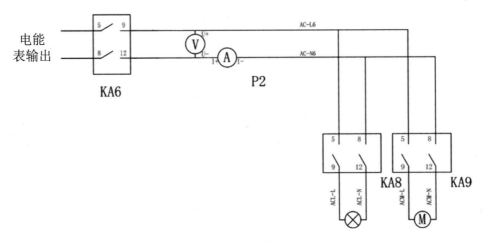

图 5-73　交流负载连接

（9）单相电能表输出与继电器 KA10 连接，继电器 KA10 与双向电能表输出端连接，双向电能表输入与空气开关 QF11 连接（图 5-74）。

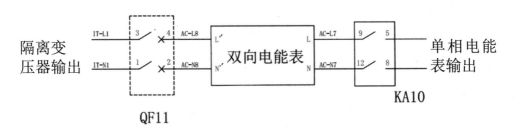

图 5-74　市电接入

（10）空气开关 QF11 与隔离变压器输出端连接，总市电电源与交流组合表 2 进行电压电流测量线路连接，交流组合表 2 输出与隔离变压器输入端连接。如图 5-75 所示。

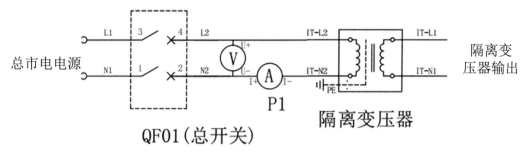

图 5-75　隔离变压器与双向电能表连接

（11）将市电分别到 PLC 的 L、N 端口。PLC 的 24 V 接线端出线至开关按钮盘 COM 端，按键盘的按钮 1、按钮 2、按钮 3、按钮 4、按钮 5、按钮 6、按钮 7、按钮 8 按钮 9、按钮 10 分别与 PLC 的 X0、X1、X2、X3、X4、X5、X6、X7、X10、X11、X12、X13 连接。如图 5-76 所示。

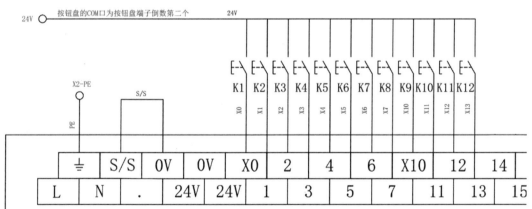

图 5-76　PLC　输入端连接

（7）PLC 的 Y0、Y1、Y2、Y3、Y4、Y5、Y6、Y7、Y10、Y11 接线端出线至继电器 KA1、KA2、KA3、KA4、KA5、KA6、KA7、KA8、KA9、KA10 的 13 端　口；PLC 的 Y12、Y13、Y14、Y15、Y16 接线端出线至接触器 KM1、KM2、KM3、KM4、KM5；连接方法如图 5-77 所示。

（8）将直流组合表电表 1.直流组合表电表 2- 交流组合表电表 1 和交流组合表 2 的通信口连接到侧板端子的接线排 X10（485+，485-）端，并通过数据线接入计算机。

（9）编写 PLC 程序。程序逻辑功能如表 5-1 所示。

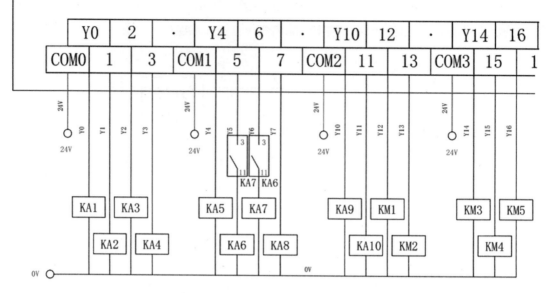

图 5-77　PLC 输出连接

表 5-11　程序逻辑功能

按键号	功能
按钮 1	按一次，KA1 吸合，再按一次 KA2 吸合、KA1 断开，再按一次 KA3 吸合、KA2 断开，再按一次 KA4 吸合、KA3 断开，再按一次 KA4 断开（循环）
按钮 2	离网供电开关打开、离网输入接入；KA5 和 KM5 吸合，再按一次两个断开
按钮 3	并 / 离网切换，按键按 1 次，KA6 吸合，KA7 断开，为分布式并网光伏系统；再按一次，KA7 吸合，KA6 断开为离网光伏系统
按钮 4	按下 KA8 吸合，再按 KA8 断开
按钮 5	按下 KA9 吸合，再按 KA9 断开
按钮 6	按下 KA10 吸合，再按 KA10 断开。KA10 吸合时，并网线路市电接入
按钮 7	按下 KM1 吸合，再按 KM1 断开。KM1 吸合时可调直流稳压电源接入、KM1 断开时光伏单轴接入
按钮 8	按下 KM2 吸合，再按 KM2 断开。KM2 吸合时光伏控制器的组件输入得电，为蓄电池充电
按钮 9	按下 KM3 吸合，再按 KM3 断开。KM3 吸合时蓄电池接入，为光伏控制器供电、光伏控制器正常工作
按钮 10	按下 KM4 吸合，再按 KM4 断开。KM4 吸合时并网逆变器输入接通
PLC、按键逻辑关系	
Y0　　　KA1	Y10　　　KA9
Y1　　　KA2	Y11　　　KA10

Y2	K A3		Y12	KM1
Y3	K A4		Y13	KM2
Y4	K A5		Y14	KM3
Y5	K A6		Y 15	KM4
Y6	K A7		Y 16	KM5
Y7	K A8			

程序梯形图如图 5-10 所示。

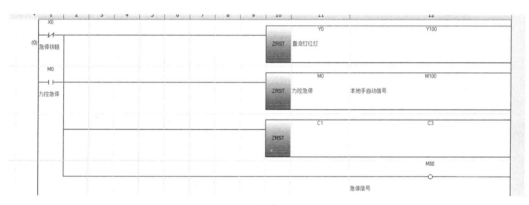

（a）

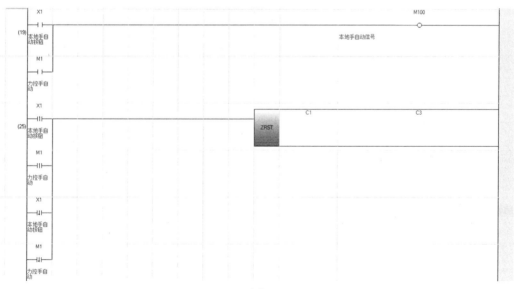

（b）

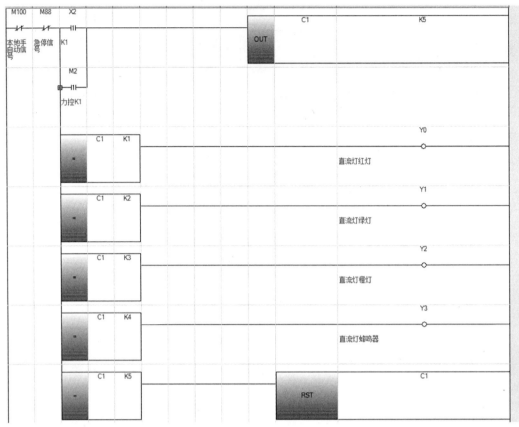

（c）

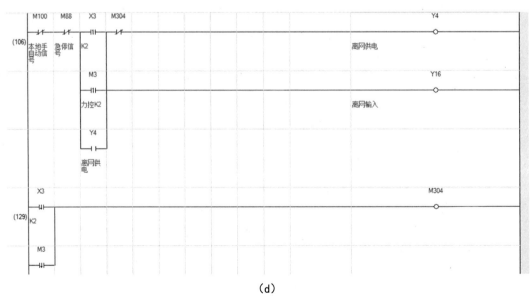

（d）

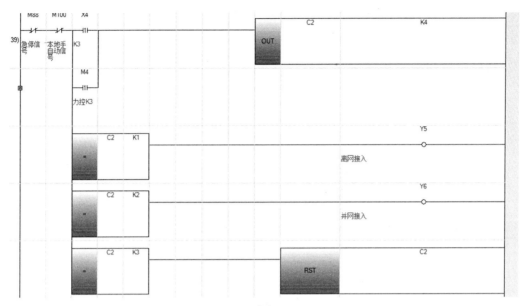

(e)

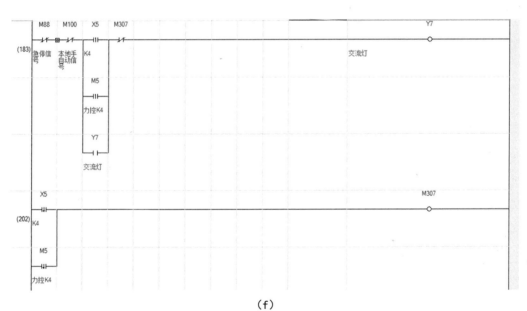

(f)

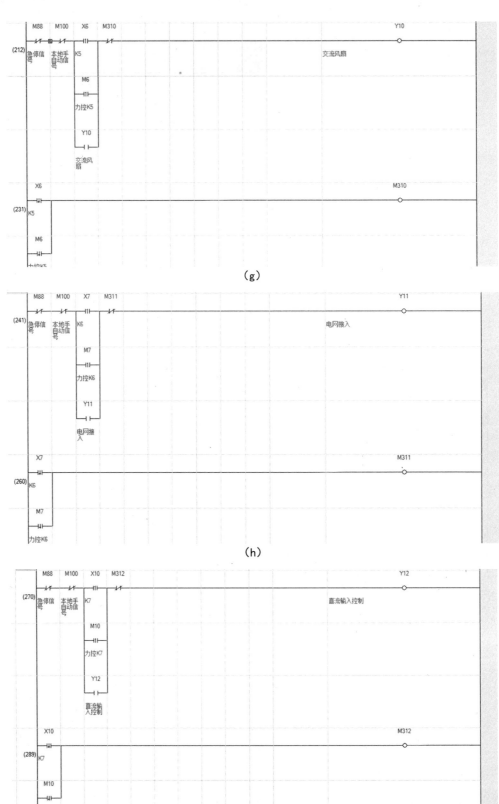

（g）

（h）

（i）

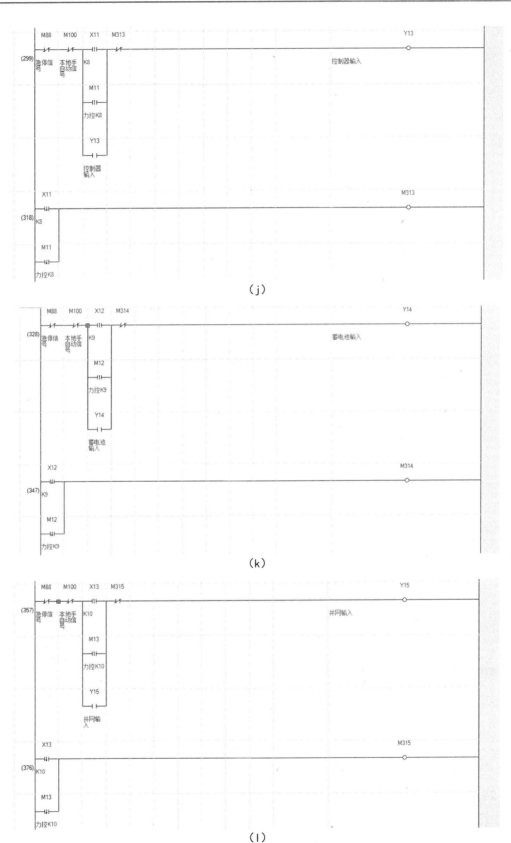

（j）

（k）

（l）

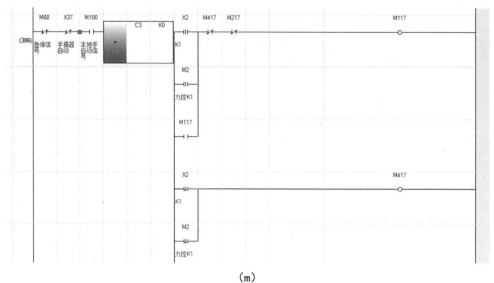

（m）

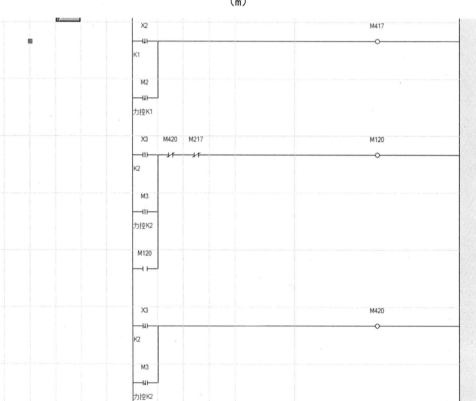

（n）

图 5-78　梯形图

（10）连接计算机与 PLC 数据线；启动 PLC 电源，将 PLC 程序下载到 PLC 中。

3. 远程力按键操作控界面编制

（1）启动力控软件，新建工程项目（图 5-79）。

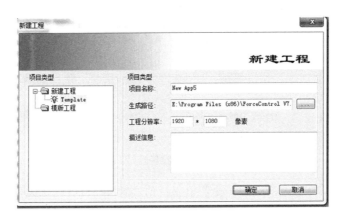

图 5-79　新建工程项目

（2）单击"开发"按钮，进入开发环境（5.80）。

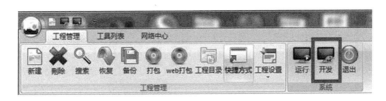

图 5-80　进入开发环境

（3）进入开关界面后，在配置窗口栏中，单击"窗口"，再"新建窗口"，创建空白窗口（图 5-81），进行窗口属性设置（图 5-82）。

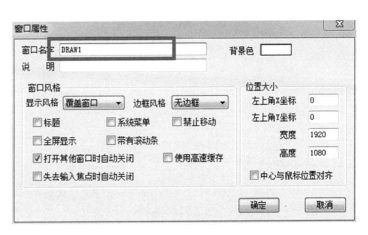

图 5-81　新建窗口　　　　　　　　　图 5-82　窗口属性设置

（4）单击菜单栏中的"工具"，进入"标准图库"，选择"按钮"，选择如图5-83所示按钮。

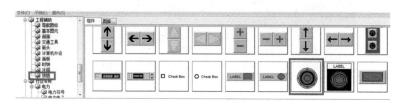

图5-83　按钮选择

（5）在工程窗口中，单击"I/O设备组态"进行硬件通信接口设置；进入后选择"三菱全系列"；然后进行设备配置；设备名称、设备描述可自定义，如图5-84、图5-85所示。单击"下一步"，进行设备配置第二步；逻辑站号为1。

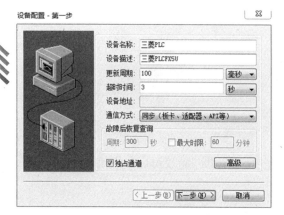

图5-84　设备配置1　　　　　　　　　　　图5-85　设备配置2

完成后，单击"完成"按钮，并关闭I/O配置窗口。

（6）配置力控软件与物理按键在PLC数据库中的连接；首先设置一个PLC内部的点，在工程窗口中单击数据库组态；进入界面后，弹出如图5-86所示界面。

图5-86　PLC数据库

（7）选择数据库到区域1到模块1,在上图空白"点名"处,建立数据表；弹出如图5-87

所示对话框，选择数字 I/O 点，指定节点和点类型。

图 5-87　指定节点和点类型

（8）在基本参数中设置点名名称、点说明等参数；单击数据连接，在 I/O 类型中选择"辅助继电器"；偏移地址"1"，与 PLC 程序辅助线圈 M1 对应（注：力控开关按键在设置偏移地址是要与 PLC 程序对应，如此开关与 PLC 程序中用辅助继电器 M6 表示，则偏移量为 6，以此类推），读写属性设置"读写"，如图 5-88 所示。

图 5-88　数据节点设置

（9）单击"确定"按钮，完成一个数据连接，效果如图 5-89 所示。

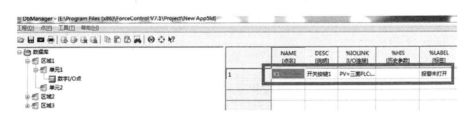

图 5-89　数据库建立

（10）完成力控软件按键属性设置。在窗口中，双击控件（按键），进入控件设置，如图 5-90 所示。

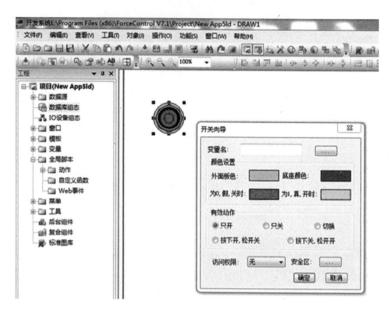

图 5-90　控件设置

单击"变量名"，选取前述"数据库"中所设置的变量内容，完成力控软件按键与物理按键的对接，操作如图 5-91 所示。

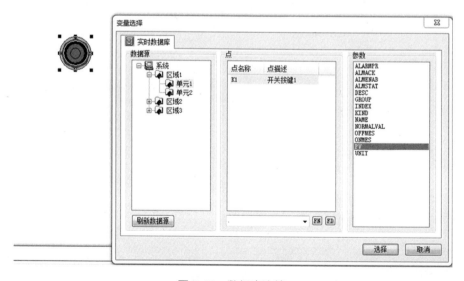

图 5-91　数据库连接

（11）有时，为了标注这个按键功能和意义，需要在按键旁边进行文字说明或按键名称的定义；在菜单栏中，选择工具，选择基本图元，选择文本，在窗口中单击，再输入相关文字说明；根据任务要实现内容，需要完成按键 1、按键 7、按键 8、按键 9 等按键配置，效果如图 5-92 所示。

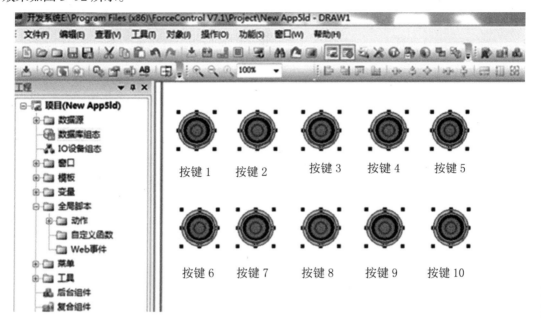

图 5-92　参考操作界面

4. 远程力组合表数据采集监控界面编制

（1）在工程窗口处，新建窗口，可定义"电表监控"窗口；打开新建窗口，在菜单栏中单击"工具"按钮，选择基本图元，选择文本，在窗口中单击，再输入相关文字说明，可输入"直流电压表""直流电流表"等文字；同时，以同样的方法建立待显示数据文本，其中文本用"##.## "表示。效果如图 5-93 所示。

（2）在工程窗口，选择 I/O 设备组态，选择 RTU 串行口，如图 5-94 所示。

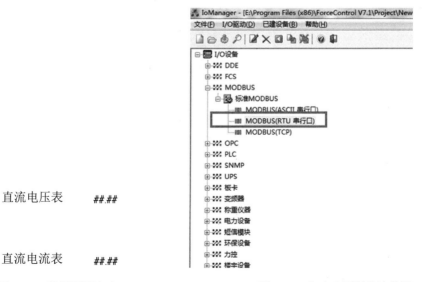

直流电压表　　　##.##

直流电流表　　　##.##

图 5-93　监视界面文本　　　　　　　　　图 5-94　组合表通行协议选配

（2）进行 RUT 串行口参数设置。在设备地址中（出厂默认）光照传感器地址为 1，温湿度传感器地址为 2，交流组合表 1 地址为 3，交流组合表 2 地址为 4，直流组合表 1 地址为 5，直流组合表 2 地址为 6；根据所需要的电表信息设置设备地址。如图 5-95 所示。

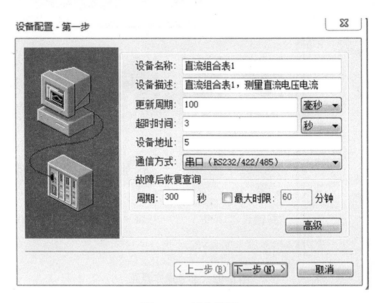

图 5-95　设备配置

（3）在 RUT 串口设置的第二步中，波特率设置 9600；串口号根据实际计算机串口设置。如图 5-96 所示。

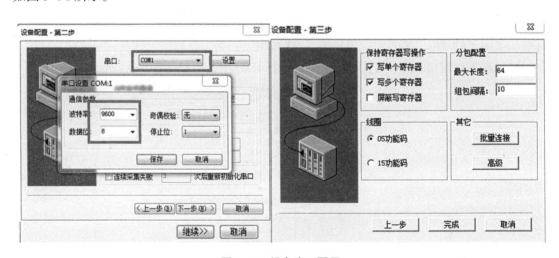

图 5-96　设备串口配置

（4）以此类推，完成所需组合表 485 通信贷 RUT 串口设置。

（5）完成数据库组态设置，在数据库区域、模块中，数据点类型选择"模拟 I/O 点"，如图 5-97 所示。

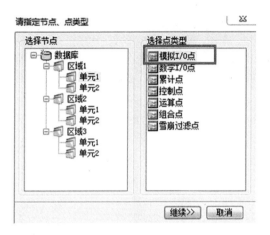

图 5-97　数据点类型

（6）进入数据点参数设置；完成基本参数和数据连接等参数设置；在组态界面图中，偏置量 37 为电压数据，电流量数据偏置量为 35；具体如图 5-98 所示。

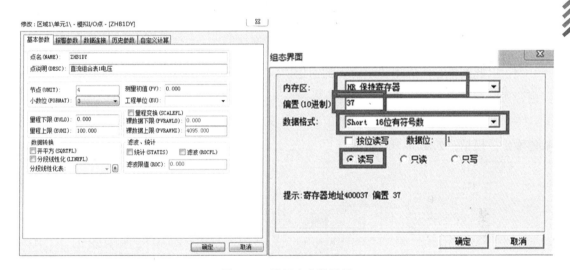

图 5-98　数据点参数设置

（7）配置完成组合表后，在"工程"窗口，选择窗口，新建一个"电表显示"窗口，如图 5-99 所示。

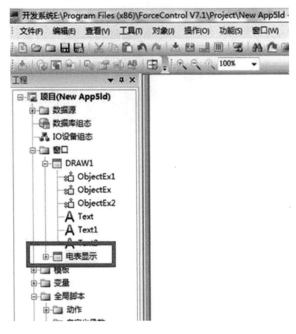

图 5-99 新建窗口

（8）以此类推，完成需要组合表的通信协议、数据点配置和数据库连接。根据本案例监组合表监控需求，完成的组合表监控界面。

（9）在"电表监控"窗口，双击"##.##"文本框，弹出文本框数据连接对话框；选择数值输出，模拟；如图 5-100 所示。

图 5-100 文本显示属性

（10）进入变量选择对话框，"点"处选择已经建立的数据库点；参数选择"P V"类型。如图 5-101 所示。

图 5-101　变量选择

（11）步骤（8）~（9）完成了一个数据监控内容；根据实际功能需求，完成其他数据库、文本属性的配置。

（12）离并网混合系统远程监控界面参考如图 5-102 所示。

图 5-102　监控界面参考

5. 数据测试

调试系统，根据接触器和继电器状态组合，填写直流组合表测量数据（表 5-12）。

表 5-12　数据测量表

按键1	按键1	按键1	按键1	按键1	按键1	按键1	按键1	按键1	按键1	直表1	直表2	交表1	交表1

注：根据开关按键的不同组合，观察直流电表、交流电表的变化。可添加表格内容。

5.4　环境感知模块数据采集与监控

5.4.1　任务简介

1. 任务目的

（1）掌握环境感知模块数据采集与监控系统画面的部署；

（2）掌握环境感知模块数据采集与监控系统 I/O 驱动的设置；

（3）掌握 LOR A 模块参数调试；

（5）掌握环境感知模块数据的监控调试。

2. 任务要求

（1）完成环境感知模块设备通信线路的连接；

（2）完成 LOR A 设备的搭建与调试。

3. 任务要求

（1）能够实时采集监控温湿度传感器的数据；

（2）能够实时采集光敏传感器的数据。

5.4.2　环境感知模块数据采集与监控原理

1. LoR A

LoR A 是 LP W AN 通信技术中的一种，是美国 Semtech 公司采用和推广的一种基于扩频技术的超远距离无线传输方案。这一方案改变了以往关于传输距离与功耗的折中考虑方式，为用户提供一种简单的能实现远距离、长电池寿命、大容量的系统，进而扩展传感网络。LoR A 技术具有远距离、低功耗（电池寿命长）、多节点、低成本的特性。

2. 组态软件

它可以理解为"组态式监控软件"。"组态（Configure）"的含义是"配置""设定""设置"等意思，是指用户通过类似"搭积木"的简单方式来完成自己所需要的软件功能，而不需要编写计算机程序，也就是所谓的"组态"。它有时候也称为"二次开发"，组态软件就称为"二次开发平台"。"监控（Super Visory Control）"，即"监视和控制"，是指通过计算机信号对自动化设备或过程进行监视、控制和管理。

5.4.3 任务操作步骤

1. 需求工具

（1）钳形表，UT203，数量：1块；

（2）工具包，数量：1套；

（3）温湿度传感器，5 V 供电，数量：1个；

（4）光敏传感器，24 V 供电，数量：1个；

（5）485 转 USB 通信线，240 W，数量：1根；

（6）计算机，数量：1台。

2. 操作步骤

（1）LoR A 模块的配置，先分别将 LoR A 模块 1 和模块 2 的 485 端口接入到 485 转 USB 数据线连接置电脑，然后打开 LoR Aconfigur AtI/Ontool，如图 5-103 所示，按顺序配置好参数及波特率。

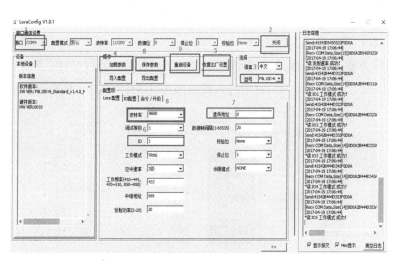

图 5-103 LoR A 模块的配置

实现点对点透传（默认工作协议为透传：TRNS），即设备 A 和设备 B 可通过无线网络进行串口间数据互相收发。主要对以下参数进行配置。ID: 好比每个人都对应一个唯一的身份证号，所以一个网络中要是有多台设备，则 ID 是不可重复的。透传地址：即为最终目的地址。如图 5-103 的配置中，设备 A 透传地址是 1，则 A 的数据就会发给 B；设备 B 的透传地址是 0，则 B 出来的数据只会发给 A。物理信道：LoR A 的带宽为 410~441 MHz，1000 Hz 为一个信道，共 32 个信道可选择，因此需要根据实际环境调整此值。默认值 24 : 433 MHz。配置如图 5-104 所示。

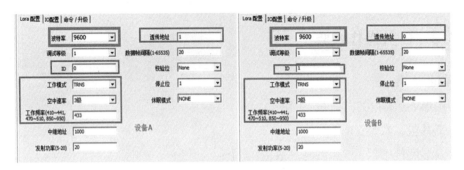

图 5-104　LOR A 模块 1 和 LOR A 模块 2 的参数配置

注：1. 配置前最好先恢复出厂设置；

2. 设置完参数，必须重启，参数才能生效。

3. 设置完成后重新按步骤接好 LOR A 模块 485 端的信号线。

（2）温湿度传感器的 485 端口与光照度的 485 端并联后出线至 LoR A 模块 1 的 485 端口，LoR A 模块 2 的 485 端口出线至 485 转 USB 通信线的 T/R+、T/R− 端口，485 转 USB 通信线再连接电脑。

（3）打开力控 7.1（Force Control V7.1）软件，新建工程："环境感知模块数据采集与监控系统"，单击开发，进入开发系统。在开发系统中，进入 I/O 设备组态，进行设备组态。MODBUS 标准设备驱动根据通信协议不同分为串口 ASCII、串口 RTU、TCP 三种协议。我们选择 MODBUS（RTU 串行口），双击进入设备组态用户界面进行配置如图 5-105 所示。

图 5-105　硬件通信配置

更新周期：默认 100 ms 就是说每隔一个更新周期读一次数据包。请根据组态工程的实际需要和设备的通信反应时间定。

超时时间：默认 3 s，当到超时时间的时候，设备的数据还没传上来被认为是一次通信超时。请根据组态工程的实际需要和现场的通信情况设定。故障后恢复查询：当设备发生故障导致通信中断，系统会每隔一定"周期"查询该设备。直到"最长时间"如果还没有反应，在这次运行过程中系统将不再查询该设备。"高级"请在组态软件工程人员的指导下使用，否则请保持默认状态。

图 5-106 为串口通信设置：请根据设备的通信说明设置波特率，数据位，校验位，停止位。

图 5-106　串口配置

图 5-107 关于 MODBUS 协议通信设置。

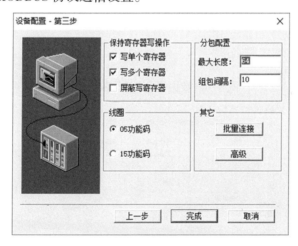

图 5-107　串口设备配置

32 位数据的读取：主要是解决如何解析 32 位整数、浮点数。请根据你所使用的 PLC 或

智能模块中 32 位数据类型上传格式来选择相应的格式。

包的最大长度：是指 MODBUS 中一条数据所读取的字节数，包的长度越长，一次读取的数据就越多，通信效率就越快。

MODBUS 协议中规定数据包最大长度不能超过 255。另外，有些 PLC 对包长还有限制，请根据具体情况配置。

6号命令对应 MODBUS 协议 06 功能代码；预置寄存器地址从 40000 开始的数据——预制单个寄存器。当你选择 6 号命令时，组点时下置数据时将使用 6 号命令。16 号命令对应 MODBUS 协议 10 功能代码；预置寄存器地址从 40000 开始的数据——预制多个寄存器。当你选择 16 号命令时组点时下置数据时候将使用 16 号命令。

（4）完成对设备组态的配置后，进入数据库组态进行数据连接，如图 5-108 ~ 图 5-110 所示。

图 5-108 数据库组态进行数据连接

图 5-109　数据库组态进行数据连接

图 5-110 数据库组态进行数据连接

"01 号命令"：对应着 MODBUS 协议 01 功能代码；也就是读寄存器地址从 0 开始的数据——读线圈状态，读 DO 离散输出寄存器。

"02 号命令"：对应着 MODBUS 协议 02 功能代码；也就是读寄存器地址从 10000 开始的数据——读输入状态，读 DI 离散输入寄存器。

"03 号命令"：对应着 MODBUS 协议 03 功能代码；也就是读寄存器地址从 40000 开始的数据——读线保持寄存器，读 HR 保持寄存器。

"04 号命令"：对应着 MODBUS 协议 04 功能代码；也就是读寄存器地址从 30000 开始的数据——读输入寄存器，读 AR 输入寄存器。

"05 号命令"：对应着 MODBUS 协议 05 功能代码；也就是写寄存器地址从 0 开始的数据——强制单个线圈。

根据我们所用到的选择相应的命令。

完成数据库组态后，在窗口界面新建一个空白窗口并命名为"环境感知"。

（5）在"环境感知"页面上添加文本，先在工具箱上单击"文本"。如图 5-111 所示。

图 5-111 文本添加

就可以在文本上设置如图,然后双击"光照度"后面的"####"文本,在弹出的"动画连接"窗口内单击"数据连接"模块内的"模拟",在弹出的对话框内输入"GZD.P V"。并依次为"温度""湿度"后面的"####"文本连接上"WD.P V""SD.P V"。如图 5-112 所示。

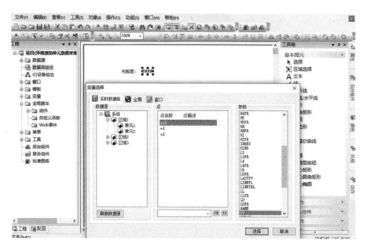

图 5-112 文本设置

（6）配置完成后保存运行,打开窗口看到运行效果。

第6章

瑞亚分布式光伏仿真规划软件实训

　　瑞亚分布式光伏仿真规划软件以区域光伏发电项目工程建设为背景，根据用电负载耗能、配电热量比、初始成本等条件，在给定的建筑物上进行并网模式、组件容量、支架安装、设备选型等操作，实现新能源系统工程规划与设计功能。

　　从分布式光伏仿真规划软件的模块来看，其主要有模型设计、方案设计、能源报表、方案汇总、系统设置等模块。模型设计主要实现区域分布式能源的建设背景设计，确定地图能源参数、能耗参数、成本参数等工程背景参数；方案设计主要工具任务要求，依据模型设计中的地图能源参数、能耗参数、成本参数完成光伏工程项目规划与设计；能源报表实现模型设计方案的产能与耗能查询，实现最优方案设计；方案汇总实现将不同方案进行比较，选取最佳方案；系统设计实现用户账号设定等功能。

6.1　分布式光伏仿真规划软件模型设计

6.1.1 任务简介

1．任务目的

（1）掌握瑞亚分布式光伏仿真规划软件体系结构；

（2）掌握分布式光伏仿真规划软件模型设计方法；掌握地图能源参数、能耗参数、成本参数的设计原理。

2．任务内容

（1）根据特定光伏工程项目背景，转换为模型设计参数；

（2）完成分布式光伏工程项目的模型参数设计。

3．功能要求

（1）完成校园用电设备功率 6000 kW，平均每天总耗能 96000 kw·h 的耗能参数设置；

（2）完成校园可建光伏工程项目土地类型设计；

（3）完成地图能源参数设置、能耗参数、成本参数设置。

6.1.2 分布式光伏工程项目模型设计

1. 模型建立

进入分布式光伏仿真规划软件，界面如图 6-1 所示。单击"模型设计"，进入模型设计界面。如图 6-2 所示。

图 6-1　瑞亚分布式光伏仿真规划软件界面

选取特定的项目背景，单击地图符号，下载地图，然后创建模型名称。如创建"分布式发电实训模型"，如图 6-3 所示。

图 6-2　模型设计界面

图 6-3　模型添加

2. 模型参数配置

单击模型设计工具栏中的"参数配置"，如图 6-4 所示。进入参数配置界面，将为该光伏工程项目进行地图能源参数、能耗参数、成本参数等设置。

图 6-4　模型设计工具栏

（1）地图能源参数设计

在地图能源参数主要有地图参数配置和不同安装类型的光伏参数配置。参数设置界面如图 6-5 所示。

在地图参数配置中，每方格占地面积表示地图单方格的面积，此参数根据实际光伏工程占地面积进行设计，如可设置 200；用能符合变化幅度表示在给定能耗参数下的变化幅度，并实现每天的随机变化，如设置 10%；储能电站初始容量表示光伏工程项目中储能初始容量与所设计总容量的比值，如分布式光伏工程项目中不需要储能，可设置 0%。在光伏参数配置中涉及最佳倾角固定、标准平单轴、带倾角平单轴、斜单轴跟踪、双轴跟踪五种不同组件安装形式。

每种安装模式下要进行"每方格光伏组件面积占比""光伏组件转换效率""光伏发电整机转换效率""光伏最佳倾斜角""每方格光伏容量"等参数设置，其中"每方格光伏容量"参数是根据前述相关参数进行自动获取，其计算方法如下：每方格光伏容量 = 每方格占地面积 × 每方格光伏组件面积占比 × 光伏组件转换效率。"每方格光伏组件面积占比"是根据实际工程项目组件面积与站区占地面积获取的工程值，参数为 0.3 ~ 0.5；组件转换效率参数为 0.15 ~ 0.2；光伏发电整机转换效率参数为 0.78 ~ 0.88（图 6-5）。

图 6-5　参数配置

光伏组件最佳倾斜角参数是指获取年辐射量最大的组件倾斜角，其值是根据气象参数查询获取。获取方法是从图 6-4 模型设计工具栏中，单击"设计详情"，进入设计界面，再单击"气候查询"，具体操作如图 6-6 所示。

图 6-6　设计详情气候查询

进入"气候查询"界面后，进行不同倾斜角的太阳辐射平均值气象参数查询。例如，如图 6-7 所示，当倾斜角为 42° 时，全年平均辐射量最大为 4.87 h/d。

按倾斜角查询 42 度　查询

日期	平均风速	等效风速	气温	湿度	大气压	本月份太阳辐射值(倾斜角)	本月份太阳辐射平均值(倾斜角42.0°)(小时/日)
2015年1月	4.98米/秒	4.42米/秒	16.68℃	78.77%	102.04千帕	0.17℃	4.73 小时/日
2015年2月	4.07米/秒	4.28米/秒	18.46℃	83.80%	101.78千帕	0.16℃	4.11 小时/日
2015年3月	4.25米/秒	4.77米/秒	22.00℃	85.65%	101.53千帕	0.15℃	4.06 小时/日
2015年4月	4.71米/秒	5.10米/秒	24.36℃	79.85%	101.25千帕	0.17℃	5.52 小时/日
2015年5月	4.44米/秒	4.80米/秒	28.61℃	84.30%	100.63千帕	0.15℃	5.21 小时/日
2015年6月	5.52米/秒	4.40米/秒	30.09℃	80.12%	100.50千帕	0.19℃	5.92 小时/日
2015年7月	6.45米/秒	3.33米/秒	29.14℃	80.60%	100.37千帕	0.22℃	4.72 小时/日
2015年8月	3.75米/秒	3.03米/秒	29.34℃	79.92%	100.59千帕	0.14℃	5.39 小时/日
2015年9月	4.43米/秒	3.68米/秒	28.62℃	82.43%	100.92千帕	0.17℃	5.30 小时/日
2015年10月	4.49米/秒	4.31米/秒	26.36℃	75.55%	101.38千帕	0.16℃	5.35 小时/日
2015年11月	5.20米/秒	5.18米/秒	24.47℃	82.54%	101.63千帕	0.18℃	4.76 小时/日
2015年12月	6.05米/秒	4.71米/秒	18.43℃	81.07%	102.04千帕	0.20℃	3.36 小时/日
全年平均	4.87米/秒	4.44米/秒	24.74℃	81.19%	101.22千帕	0.17℃	4.87 小时/日

图 6-7　气候查询

标准平单轴、带倾角平单轴、斜单轴跟踪、双轴跟踪等不同组件安装形式的参数设计是以最佳倾角固定安装方式为标准的系数设置。涉及组件安装方式发电系数和组件安装方式面积影响系数。其参数根据实际工程所采用的技术来确定。例如，在当前技术下，最佳倾角固定、标准平单轴、带倾角平单轴、斜单轴跟踪、双轴跟踪等 5 种安装方式与固定倾角的同容量的发电量和占地面积如表 6-1 所示。

表 6-1　不同安装形式的发电量与占地面积关系

类型		成本 /（元 / W）	发电量增益	占用面积增
最佳倾角固定		0.5	100%	100 %
平单轴	标准平单轴	1.4	115%	100 %
	带倾角平单轴	1.8	120%	120 %
斜单轴跟踪		2	125%	150 %
双轴跟踪		3.5	140%	180 %

从表 6-1 中可知，标准平单轴的发电系数应为 1.15，面积影响系数为 1；带倾角平单轴发电系数应为 1.2，面积影响系数为 0.833（100/120）；斜单轴跟踪的发电系数应为 1.25，

面积影响系数为 0.667（100/150）；双轴跟踪的发电系数应为 1.4，面积影响系数为 0.556（100/180）。

（2）能耗参数设置

能耗参数的设置表示该模型中单位能耗体的负载用电指标，具体总用电、耗电还和模型设计中的负载数量相关。单位能耗体的负载用电指标如图 6-8 所示。

图 6-8　能耗参数设置

（3）成本参数设置

成本参数涉及光伏发电成本、光伏发电收入、税收等参数设置。成本参数的设置是从企业对光伏工程项目的造价成本和现金流方面提出的参数设置。

在光伏发电成本设置中，涉及支架成本、支架成本占比（占总造价成本比例）、光伏发电成本、项目周期（项目运行总年限，如 25 年）、输出功率下降（第一年）、输出功率下降（2 ~ 25 年）、成本周期（成本周期一般小于项目周期，和增值税相关）、配电容量比、单次运维费用、单次运维效率提升（第一年）、单次运维效率提升（2 ~ 25 年）等。支架成本和支架成本占比将根据实际光伏造价成本进行调整；光伏发电成是指以固定倾斜角安装形式的成本计算，由系统自动计算获取，光伏发电成本等于（支架成本）除以（支架成本占比）；其他安装形式的发电成本将根据表 6-1 参数进行调整。例如，支架成本 0.5 元 / W，支架成本占比为 7.73%，则其他支架安装类型的光伏电站建设成本计算如下。

最佳倾角固定：0.5/7.73%=6.4683 元 / W；

标准平单轴：0.5/7.73%+1.4-0.5=7.3683 元 / W；

带倾角平单轴：0.5/7.73%+1.8-0.5=7.7683 元 / W；

斜单轴跟踪：0.5/7.73%+2-0.5=7.9683 元 / W；

双轴跟踪：0.5/7.73%+3.5-0.5=9.4683 元 / W。

配电容量比是针对自发自用，余电上网的分布式电站所设置的光伏容量限制值，一般值在 0.3 左右，其表示光伏电站的总功率占负载用电总功率的比值。光伏发电成本参数设置可参考下图所示。

单次运维费用和单次运维效率提升是根据实际光伏电站运费成本和维护效益进行估算；例如，输出功率下降（第 1 年）3%，单次运维效率提升（第 1 年）33.33%，如果第 1 年不运维，则第 1 年的实际功率下降到原始的 97%，如果第 1 年运费 1 次，则第 1 年实际功率下降到 97%+3%×33.33%=98%；如果第 1 年运费 2 次，则第 1 年实际功率下降到 98%+（100%-98%）×33.33%=98.6%。

光伏发电收入参数中，涉及了光伏电价（直接上网电价）、火电电价、国家补贴、省级补贴等，这些参数与电站建设时间、地区（省市）政策相关（图 6-9）。

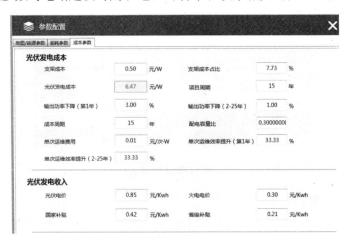

图 6-9　参数配置

税收参数涉及增值税、销售税金和所得税参数。光伏工程项目一般前 3 年不需要缴纳所得税，4～6 年为正常税率的一半；增值税一般为 17%；销售税金值和当地相关政策相关，主要包括城市维护建设税、教育费附加费率、地方教育费附费等（图 6-10）。

税收

增值税	17.00	%	销售税金	12.00	%
所得税（第1年）	0.00	%	所得税（第2年）	0.00	%
所得税（第3年）	0.00	%	所得税（第4年）	12.50	%
所得税（第5年）	12.50	%	所得税（第6年）	12.50	%
所得税（第7年）	25.00	%	所得税（第8年）	25.00	%
所得税（第9年）	25.00	%	所得税（第10年）	25.00	%

图 6-10　税收参数

3. 模型设计

模型设计涉及气象参数、地形（建筑物类型）、能耗数量参数等参数的设计。能耗数量参数关系到分布式光伏工程负载总功率及总耗能。设计方法为，在图 6-4 模型设计工具栏中单击"进入"按键，开始进行能耗数量设计。进入界面如图 6-11 所示。在模型设计中将完成参数修正、土地类型、建筑类型等参数的设置。

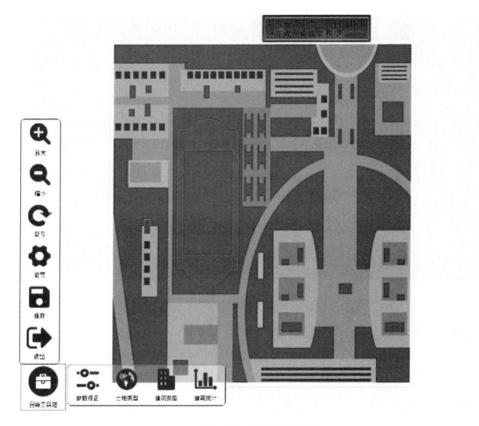

图 6-11　模型设计界面

（1）参数修正

参数修正设计日照修正和面积修正系数。日照修正是指该单位面积与给定的气象参数的修正。例如，该地区的"本月份太阳辐射平均值"为 4 h/d，如果"日照系数"为 90%，则该单位面积实际"本月份太阳辐射平均值"为 3.6 h/d，该参数关系到该单位面积光伏电站的实际发电量；面积修正系数是指该地图中实际可建光伏电站面积与参数设置中的单位面积比值。例如，在参数设置中，单位面积为 200 m^2（如图 6-5 参数配置），面积修正修正系统为 0.9，则该单位面积的实际有效可安装光伏电站的面积为 225 m^2，该参数关系到该单位面积光伏电站的可建容量和单位面积的实际发电量（图 6-12）。

图 6-12　参数修正

地图参数修正方法为，先调整好该单位面积将设置的日照修正和面积修正系数，然后单击区域地图单位方格，即可完成单位方格的参数修正设置。如图 6-13 所示。

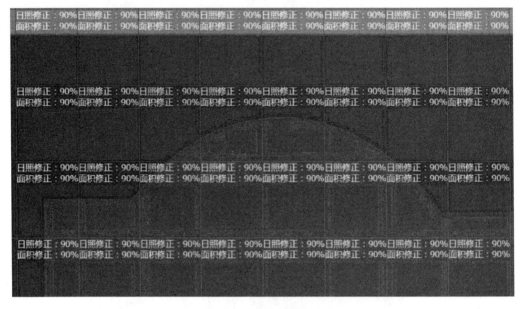

图 6-13　地图参数修正

（2）土地类型修正

土地类型修正指明区域光伏工程的土地类型。光伏项目一般在可容许的建设用地上建设。土地类型修正方法为，先选取土地类型，然后单击区域地图单位方格，即可完成单位方格的参数修正设置。

（3）负载建筑

在分布式发电系统中设置了一种负载建筑，通过负载数量与单位负载耗电量的乘积表示区域负载总耗能。

例如，在模型设计中负载建筑数量 10 个，每格单位能耗 9600 kw·h（每天），则合计能耗 96000 kw·h（每天）；如果每格功率 600 kw·h，则总功率 6000 kw·h。

4. 模型参数复制

在上述模型设计中，需要对各个单位面积的气候修正参数，土地类型，建筑类型进行设计。平台可以复制原由的其他模型参数再进行参数的修正。

方法为：选中要被复制的模型，再单击"导出到 XML"；再选中要复制的模型，再单击"导入到 XML"，便完成的模型参数的复制。

5. 地图参数信息的开关设置

地图参数信息的开关设置关系到方案设计中是否容许设计者查看气候修正图层，土地类型图层的权限。如图 6-14 所示。

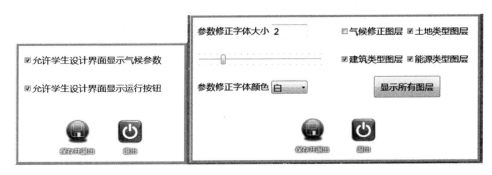

图 6-14　地图参数信息的开关设置

6.2　分布式光伏仿真规划软件方案设计

6.2.1 任务简介

1．任务目的

通过分布式光伏仿真规划软件方案设计掌握光伏仿真规划软件体系结构；掌握分布式光伏仿真规划软件方案设计方法；根据任务要求掌握全额并网、自发自用并网模式的方案设计方法；掌握光伏容量设置及配置方法。

2．任务内容

某校园占地约 300 亩（1 亩 ≈ 667m^2），用电功率 6000 kw，平均每天耗电约 96000 kw·h；支架按照可选择固定倾斜、标准平单轴、带倾角平单轴、斜单轴跟踪、双轴跟踪五种模式，其发电量和占

地面积如表 6-1 所示；拟通过方案设计，为该光伏工程项目设计一种经济、效益明显的光伏工程项目；可实施方案 1，拟在有效建筑楼顶建设光伏工程项目，光伏发电上网形式采用全额上网模式，总初始投入不超过 2000 万元；方案 2，采用自发自用并网模式，配电容量比不超过 0.3。

6.2.2 分布式全额并网方案设计

1．新增方案

单击方案设计，进入方案设计模块，选择相关地图，选择模型列表，创建模型方案，完成方案名称设置。如图 6-15 所示。

图 6-15　新增方案

方案名称创建后，进入具体方案设计模块，如图 6-16 所示。

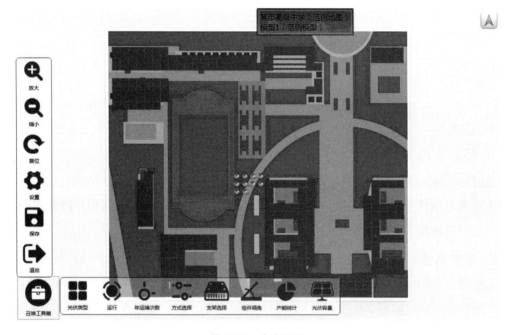

图 6-16　方案设计

方案设计主要包括光伏容量、组件倾角、支架选择、方式选择（并网模式）、运维次数、光伏类型等参数等设置。

2. 方式选择

方式选择主要有自发自用和全额并网两种选择。自发自用并网模式是指光伏电站的发电量先给用户负载使用，不足电量由市电补充，多余电量再送入电网。全额并网模式是指光伏电站的发电量先送入电网（卖电给电力公司），再由电网给买用户供电（买电给用户）。方式选择内容主要由用户或投资企业决定。选择方法如图 6-17 所示，如选择全额并网方式。

3. 光伏容量

光伏容量是指单位面积中光伏电站的建设容量，与单位面积值、每方格内光伏组件面积占比、光伏组件转换效率相关，与地图光照修正系数、面积修正系数无关。例如，在模型设计中，单位面积值为200m²，每方格内光伏组件面积占比33%，光伏组件转换效率18%，则光伏容量（每方格光伏容量）设置为11.88kW（图6-18）。

图6-17　方式选择　　　　图6-18　光伏容量设置

4.组件倾角设置

组件倾角是指获取年辐射量最大的组件倾斜角，其值是根据气象参数查询获取。例如通过单击"设计详情"，再单击"气候查询"，可知当地倾角42°时，组件获取的年辐射量最大，则在组件倾角设置如图6-19所示。

5.年运维次数

年运维次数是指在光伏工程项目期间每年的运维次数。运维次数对光伏发电量及现金流产生影响。例如输出功率下降（第1年）3%，单次运维效率提升（第1年）33.33%，如果第1年不不运维，则第1年的实际功率下降到原始的97%，如果第1年运费1次，则第1年实际功率下降到97%+3%×33.33%=98%；如果第1年运费2次，则第1年实际功率下降到98%+（100%-98%）×33.33%=98.6%。参数设置方法如图6-20所示。

图6-19　倾角设置　　　　图6-20　年运维次数

6.光伏类型（光伏系统总容量）

光伏类型设置是对光伏工程项目进行容量设置和布局。全额并网光伏容量设置与用户初始投入和有效建筑面积相关。

例如，对于上述模型的方案设计中，可建设面积（地点）为地图紫色区域，单位方格面积可建设光伏电站容量为 11.88 kw，按照每瓦的建设成本 6.47 元，则单位面积造价成本为 76863.6 元，如果可建设用地足够，则可建设单位格数为（容许的总投入 1000 万）除以（单位面积造价成本为 76863.6 元），约为 130 格（有效面积 100%）。

光伏类型（容量）设计如图 6-21 所示，在面积修正系数 100% 的单位方格上放置 130 格单位光伏。

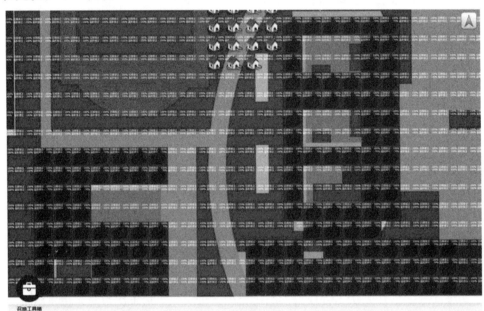

图 6-21　光伏类型设计

7. 运行与现金流分析

完成全额并网光伏工程项目设计后，单击"运行"按钮，进行光伏工程项目现金流分析（图 6-22）。

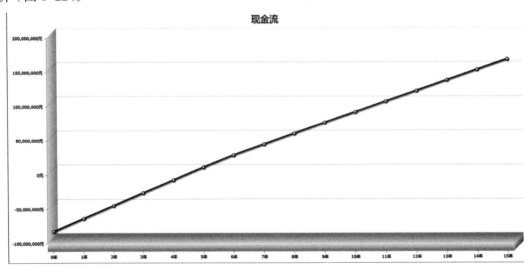

图 6-22　运行与现金流分析

8. 能源报表分析

能源报表是用于查看各模型设计的具体情况。其功能如图6-23所示。具有综合月报表、综合日报表、产能月报表、产能日报表、用能月报表、用能日报表和占地统计等功能。

图6-23　能源报表

6.2.3 分布式自发自用并网方案设计

自发自用并网方案设计与全额并网方案设计不同在于方案设计的出发点不同。前述全额并网模式是根据有效建设面积和用户初始投入来限制光伏电站建设容量；而在自发自用并网方案中，为来使光伏电站尽可能多的自用，减少对电网对冲击，根据相关规范要求，由配电容量比和用户初始投入来限制光伏电站建设容量。

例如，在上述案例中，假设用户初始投入不考虑，从用户用电功率 6000 kW，配电容量比不超过 0.3，那么分布式光伏电站可建设容量最多可建设容量为 1800 kW；单位面积 200 m²，组件转换效率 18%，组件占地比例为 33%，那么在面积修正系数 100% 的地方可建设 151.5 格，约等于 152 格。

具体操作如下所示。

1. 方式选择

方式选择主要有自发自用。选择方法如图所示，如选择自发自用方式。

2. 光伏容量

光伏容量设计参数和全额并网一致，则光伏容量（每方格光伏容量）设置为 11.88 kW。

3. 组件倾角设置

在同一模型中，气象参数一直，所以组件倾角与前述全额并网模式参数一致。组件倾角设置。

4. 年运维次数

年运维次数不同，对提升光伏电站效率也不同，同时运维次数增多，会增加运维成本。具体参数设置可参考全额并网模式。

5. 光伏类型（光伏系统总容量）

根据自发自用的用户限制条件，可在有效区域建设 152 格单位面积的光伏电站（面积修正 100%）。

6．运行与现金流分析

完成全额并网光伏工程项目设计后，单击"运行"按钮，记性光伏工程项目现金流分析。

6.2.4　自发自用与全额并网模式方案分析

设：在模型系统中设计了一个 10kW 光伏发电项目，区域负载年耗电量 10000 kw·h，成本周期 10 年，单位方格面积 50 m²，组件占地比例为 50%；单次运维费用 0.1 元 /w/ 次，日照时长在最佳倾斜角 42° 时，全年光照时间为 1773.9 h（年总辐射量）。

1．全额上网模式光伏容量及基本参数分析

全额并网成本：成本单价：0.5/0.0773=6.468 元 / W，总成本：6.468 × 10 000=64 680 元，年平均成本：64 680/10=6 468 元（此 10 表示为成本周期 10 年）；

光伏容量：50 × 0.5 × 0.18=4500 W（50 表示单位方格面积，0.5 表示组件占地比例），总容量为 4500 × 2=9000 W（2 表示 2 格，总设计容量 10 kW，实际可建为 9000 W）；年理想发电量：9000 × 1773.9 × 80%=12 772.08 kw·h。

2．全额上网模式现金流分析

以年维护 2 次为例，对光伏电站发电量、现金流分析如下：

（1）第 1 年

实际发电效率：100%–3%+1%+0.66%=98.66%；

实际发电量：12 772.08 × 98.66%=12 600.934 kw·h 发电收入：12 600.934 × 0.85= 10 710.79 元

发电补贴：12 600.934 × 0.21=2 646.196 元

消耗电费：10 000 × 0.9=9 000 元电费不计入现金流维护费用：0.1 × 2 × 10 000=2 000 元

所得税：10 710.79 × 0%=0 元

当年增值税：6 468 × 17%=1 099.56 元，结余增值税池：1 099.56 元

销售税金：0 元（所得税—增值税）× 12%，所得税小于增值税的时候，此项无税收；现金流：–64 680+10 710.79+2 646.196–2 000=–53 323.014 元；

（2）第 2 年

实际发电效率：98.66%–1%+0.33%+0.22%=98.21%；

实际发电量：12 772.08 × 98.21%=12 543.460kw·h；

发电收入：12 543.460 × 0.85=10 661.941 元；发电补贴：12 543.460 × 0.21=2634.127 元；

消耗电费：10 000 × 0.9=9 000 元电费不计入现金流；

维护费用：0.1 × 2 × 10000=2000 元；

所得税：10 661.941 × 12.5%=1332.742 元；

当年增值税：6 468 × 17%=1 099.56 元，结余增值税池：1 099.56 × 2–1 332.742=866.378 元，结

余为正不用交所得税；

销售税金：（1 332.742–1099.56）×12%=27.982 元（所得税—增值税）×12%，所得税小于增值税的时候，此项无税收；

现金流：–53 323.014+10 661.941+2 634.127–2 000–27.982=–42 054.928 元。

（3）第 3 年

实际发电效率：98.21%–1%+0.33%+0.22%=97.76%；

实际发电量：12 772.08×97.76%=12 485.985 kw·h；

发电收入：12 485.985×0.85=10613.087 元；发电补贴：12 485.985×0.21=2622.057 元；

消耗电费：10 000×0.9=9000 元电费不计入现金流；维护费用：0.1×2×10 000=2 000 元；

所得税：10 613.087×25%=2 653.272 元；

当年增值税：6468×17%=1099.56 元结余增值税池：

866.378+1099.56–2653.272=–687.334 元，结余为负缴纳对应所得税

销售税金：（2653.272–1099.56）×12%=186.445 元（所得税—增值税）×12%，所得税小于增值税的时候，此项无税收；

现金流：–42 054.928+10 613.087+2622.057–2000–687.334–186.445=–31 693.563 元。

3．自发自用模式现金流分析

成本：成本单价：0.5/0.0773=6.468 元/w，电站总成本：6.468×10000=64680 元光伏容量：50×0.5×0.18=4500 W，总容量：4500×2=9000 W；年理想发电量：9000×1773.9×80%=12 772.08 kw·h，该内容和上述全额并网类似。

相关计算（以年维护 2 次为例），自发自用模式现金流分析如下。

（1）第 1 年

实际发电效率：100%–3%+1%+0.66%=98.66%；

实际发电量：12 772.08×98.66%=12600.93 kw·h；自用电量：10 000×0.2=2000 kw·h；

发电收入：（12 600.93–2000）×（0.9+0.42+0.21）=16 219.4229；

自发自用补贴：2000×（0.42+0.21）=1260；节省电费：2000×0.9=1800；

维护费用：0.1×2×10 000=2000 元；所得税：3979.429×0%=0 元；

当年增值税：11468×17%=1949.56 元，结余增值税池：1949.56 元；

销售税金：0 元（所得税—增值税）×12%，所得税小于增值税的时候，此项无税收；

现金流：–64 800+16 219.4229+1260+1800–2000=–47 520.5771 元。

（2）第 2 年

实际发电效率：98.66%–1%+0.33%+0.22%=98.21%；

实际发电量：12 600.93×98.21%=12 375.373；

自用电量：10000×0.2=2000；

发电收入：（12375.737–2000）×（0.9+0.42+0.21）=15874.878；

自发自用补贴：2000×（0.42+0.21）=1260；节省电费：2000×0.9=1800；

维护费用：0.1×2×10000=2000元；

所得税：3891.494×12.5%=486.437元；

当年增值税：11 468×17%=1949.56元，结余增值税池：1949.56×2–486.437=3412.683元，结余为正不用交所得税；

销售税金：（486.437–1949.56）×12%<0元（所得税–增值税）×12%，所得税小于增值税的时候，此项无税收；

现金流：–47 520.5771+15 874.878+1260+1800–2000=–30 585.699元。

（3）第3年

实际发电效率：98.21%–1%+0.33%+0.22%=97.76%；

实际发电量：12 600.93×97.76%=12 318.669；

自用电量：10 000×0.2=2000；

发电收入：（12 318.669–2000）×（0.9+0.42+0.21）=15 787.564；

自发自用补贴：2000×（0.42+0.21）=1260；节省电费：2000×0.9=1800；

维护费用：0.1×2×10 000=2000元；所得税：3803.557×25%=950.889元；

当年增值税：11 468×17%=1949.56元，结余增值税池：3412.683+1949.56–950.889=4411.354元，若结余为负缴纳对应所得税；

销售税金：（950.889–1949.56）×12%<0元（所得税–增值税）×12%，所得税小于增值税的时候，此项无税收；

现金流：–30 585.699+15 787.564+1260+1800–2000=–13 738.135元。

附件

1. 分布式光伏工程实训系统典型系统原理图

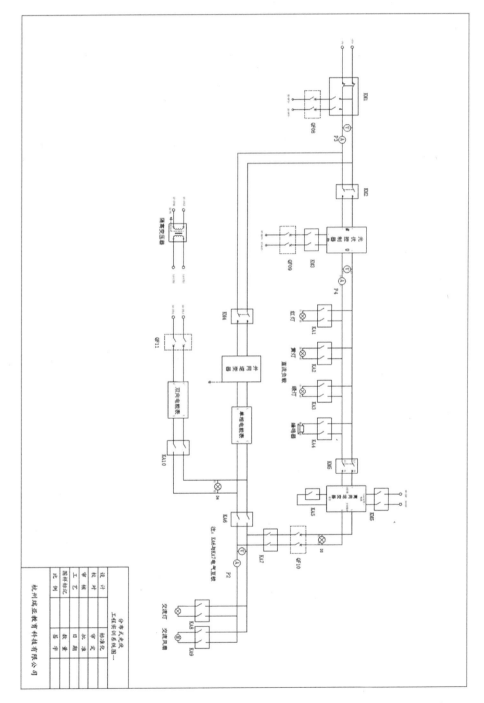

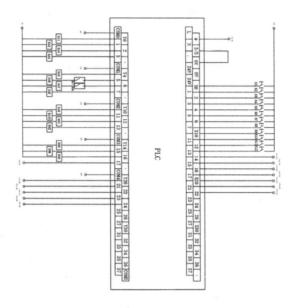

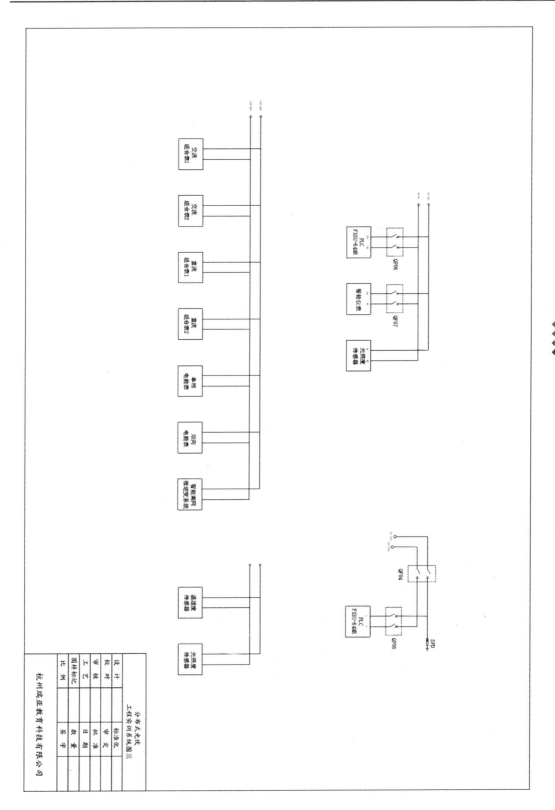

2．分布式光伏工程实训系统典型系统布局图

3.分布式光伏工程实训系统典型接线图

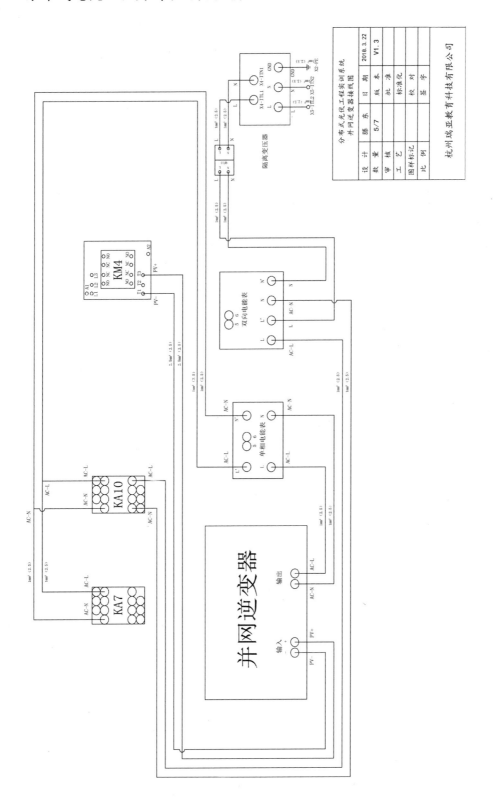

183

设 计	滕 东	分布式光伏工程实训系统负载模块接线图	日 期	2018.3.22
数 量	6/7		版 本	V1.3
审 核			批 准	
工 艺			标准化	
图样标记			校 对	
比 例			签 字	
		杭州瑞亚教育科技有限公司		

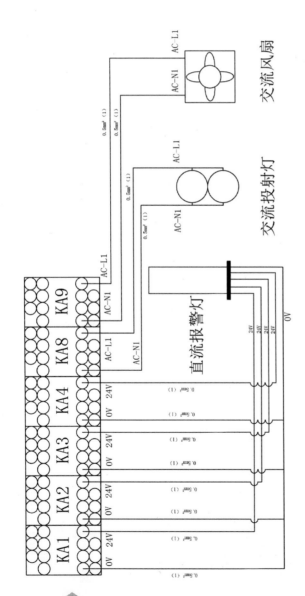

交流风扇

交流投射灯

直流报警灯

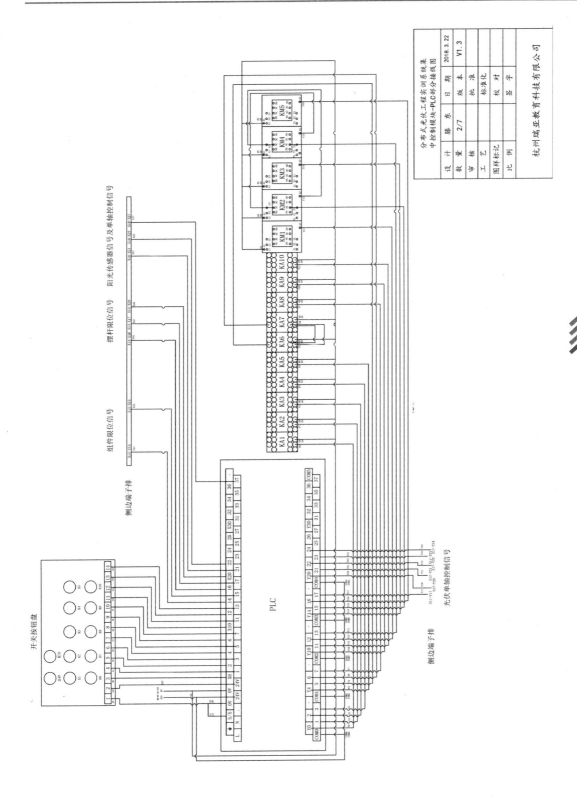

分布式光伏发电教程

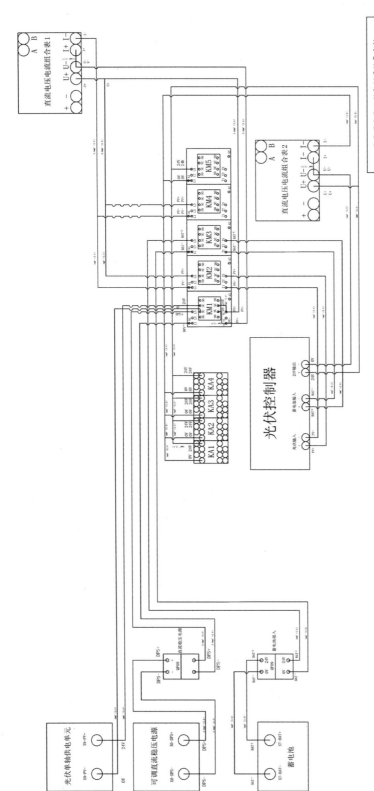

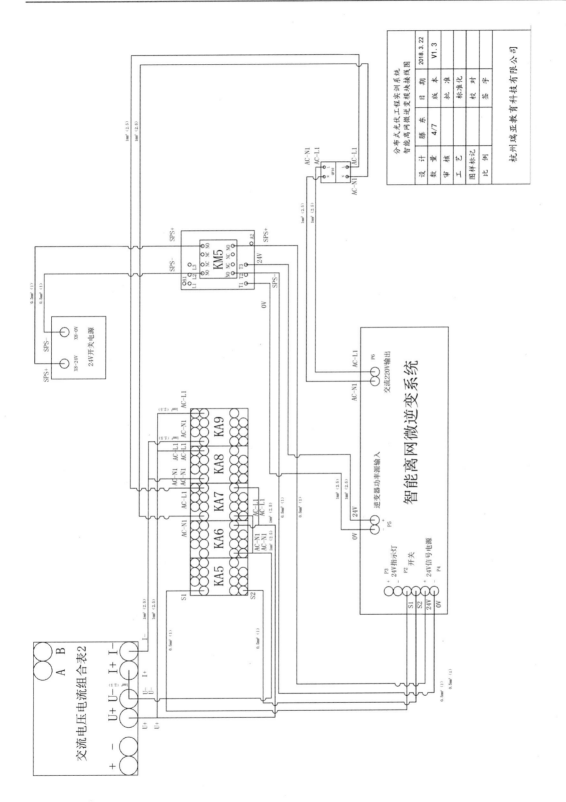

设 计	数 量	审 核	工 艺	图样标记	比 例
	滕 东				
	1/7				
日 期	版 本	批 准	标准化	校 对	签 字
2018.3.22	V1.3				

分布式光伏工程实训
系统主电源模块接线图

杭州瑞亚教育科技有限公司

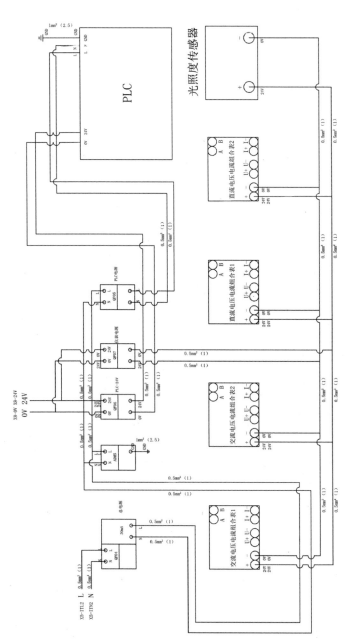

PLC

光照度传感器

直流电压电流组合表2

直流电压电流组合表1

交流电压电流组合表2

交流电压电流组合表1

X9-1N2 X9-24V
0V 24V

X5-1TL2 L
X5-1TN2 N

4．控制器 7—200 SM ART PLC

⏚	S/S	0V	0V	X0	2	4	6	X10	12	14	16	X20	22	24	26	X30	32	34	36	.
L	N	.	24V	24V	1	3	5	7	11	13	15	17	21	23	25	27	31	33	35	37

FX5U-64MR-E

Y0	2	.	Y4	6	.	Y10	12	.	Y14	16	.	Y20	22	24	26	Y30	32	34	36	COM5
COM0	1	3	COM1	5	7	COM2	11	13	COM3	15	17	COM4	21	23	25	27	31	33	35	37

5．力控组态软件

设备名称	设备组态	数据类型	数据库组态
交流组合表 1	B1dy	电压	HR Short:38
	B1dl	电流	HR Short:44
交流组合表 2	B2dy	电压	HR Short:38
	B2dl	电流	HR Short:44
直流组合表 1	B1dy	电压	HR Short:38
	B1dl	电流	HR Short:44
直流组合表 2	B2dy	电压	HR Short:38
	B2dl	电流	HR Short:44
双向电能表	B5ygzdn	有功总电能	HR Short:2
	B5fxygzdn	反向有功总电能	HR Long:9
	B5dy	电压	HR Word:12
	B5dl	电流	HR Word:13
	B5yggl	有功功率	HR Short:14
	B5 Wggl	无功功率	HR Word:15
	B5szgl	视在功率	HR Word:16
	B5glys	功率因数	HR Word:17
单相电能表	B6zygdn	总有功电能	HR Short:2
	B6dy	电压	HR Word:12
	B6dl	电流	HR Word:13
光照传感器	gzd	光照度	HR Short:2

续表

设备名称	设备组态	数据类型	数据库组态
温湿度传感器	Wd	温度	HR Short:1
温湿度传感器	sd	湿度	HR Short:2
三菱 PLC			I/O 类型：输入继电器（位）（X）；偏移地址:0；数据类型：位；读写属性：读写
	K1	急停	I/O 类型：输入继电器（位）（X）；偏移地址:0；数据类型：位；读写属性：读写
	K2	复位	I/O 类型：输入继电器（位）（X）；偏移地址:1；数据类型：位；读写属性：读写
	K3	按钮 1	I/O 类型：输入继电器（位）（X）；偏移地址:2；数据类型：位；读写属性：读写
	K4	按钮 2	I/O 类型：输入继电器（位）（X）；偏移地址:3；数据类型：位；读写属性：读写
	K5	按钮 3	I/O 类型：输入继电器（位）（X）；偏移地址:4；数据类型：位；读写属性：读写
	K6	按钮 4	I/O 类型：输入继电器（位）（X）；偏移地址:5；数据类型：位；读写属性：读写
	K7	按钮 5	I/O 类型：输入继电器（位）（X）；偏移地址:6；数据类型：位；读写属性：读写
	K8	按钮 6	I/O 类型：输入继电器（位）（X）；偏移地址:7；数据类型：位；读写属性：读写
	K9	按钮 7	I/O 类型：输入继电器（位）（X）；偏移地址:10；数据类型：位；读写属性：读写
	K10	按钮 8	I/O 类型：辅助继电器（位）（M）；偏移地址:11；数据类型：位；读写属性：读写
	K11	按钮 9	I/O 类型：辅助继电器（位）（M）；偏移地址:12；数据类型：位；读写属性：读写
	K12	按钮 10	I/O 类型：辅助继电器（位）（M）；偏移地址:13；数据类型：位；读写属性：读写
离网逆变器	l Wnbq Wd	温度	HR Word:201

设备名称	设备组态	数据类型	数据库组态
	l Wnbqpl	读取频率	HR Word:202
	l Wnbqsqsj	读取死区时间	HR Word:203
	l Wnbqdl	电流	HR Word:204
	l Wnbqdy	电压	HR Word:205
	l Wmbqkz	软件控制	DO1
	l Wmbqkzpl	控制频率	HR Word:206
	l Wnbqkzsqsj	控制死区时间	HR Word:207
	l Wnbqgl	输入过流	DO4
	l Wnbqgy	输入过压	DO2
	l Wnbqqy	输入欠压	DO3
	l Wnbqmx	母线过压	DO5